Brunhilde Bross-Burkhardt

DAS BODEN BUCH

Haupt
NATUR

Brunhilde Bross-Burkhardt

DAS BODEN BUCH

Grundlagen und Tipps für den naturnahen Gartenboden

Haupt Verlag

Zur Autorin:

Dr. Brunhilde Bross-Burkhardt studierte Allgemeine Agrarwissenschaften mit Schwerpunkt Wasserwirtschaft und Landschaftsökologie. Sie ist Fachjournalistin, Zeitschriftenredakteurin, Lektorin und Autorin von fast 40 Sachbüchern. Neben ihrer Tätigkeit als Dozentin in der Erwachsenenbildung vermittelt sie zudem seit Jahrzehnten als Exkursions- und Kursleiterin ihr botanisches Wissen einem breiten Publikum. Für dieses Buch fotografierte sie in Gärten und in Kulturlandschaften Mitteleuropas – in Deutschland, England, Frankreich, Italien, Schweden und der Schweiz.

1. Auflage: 2017

Bibliografische Information der Deutschen Nationalbibliothek
Die Deutsche Nationalbibliothek verzeichnet diese Publikation in der Deutschen Nationalbibliografie; detaillierte bibliografische Daten sind im Internet über http://dnb.dnb.de abrufbar.

ISBN 978-3-258-07976-9

Der Haupt Verlag wird vom Bundesamt für Kultur mit einem Strukturbeitrag für die Jahre 2016–2020 unterstützt.

Lektorat: Frauke Bahle, D-Merzhausen
Gestaltung / Layout: Grams undfreunde & Studio Karpstein, D-Marbach am Neckar & Berlin
Bildbearbeitung: Die Werkstatt Medien-Produktion GmbH, D-Göttingen

Das Inhaltspapier besteht zu 100% aus Recyclingmaterial.
Printed in Germany

MIX
Papier aus verantwortungsvollen Quellen
FSC www.fsc.org FSC® C004592

INHALT

Vorwort

Eines meiner Lieblingsbilderbücher war «Etwas von den Wurzelkindern» mit Versen und wunderbaren Bildern von Sibylle von Olfers. Dieses Buch öffnete mir schon als Kind den Zugang zu der wunderbaren Welt unter unseren Füßen. Die Verästelungen des Wurzelwerks auf den Bildern faszinierten mich und ebenso die Wohnhöhlen der Tiere.

Meine frühe Beziehung zum Boden besteht aber nicht nur über die Literatur, sondern auch ganz stofflich und direkt. Schließlich musste (durfte) ich schon als Kind im Garten mithelfen. Mit dem Boden verbinde ich vielfältige Sinneswahrnehmungen. Ich bin gerne mit den Händen im Boden und spüre seine Konsistenz. Ich mag den Geruch der Erde beim Hacken und Graben. Ich grabe auch gerne Löcher, um zu sehen, wie es unter der Erdoberfläche aussieht. Wenn ich unterwegs bin, schaue ich mir Baugruben und Hangabbrüche im Gelände an.

Bei meinen Reisen und Exkursionen sehe ich Garten- und Ackerflächen immer in Kombination mit dem Untergrund. Am Pflanzenaufwuchs erkenne ich annähernd den Bodentyp und die Bodenart. Für diese Feinheiten bin ich auch deshalb sensibilisiert, weil ich Gärten an etlichen Orten mit ganz verschiedenen Bodenverhältnissen bewirtschaftet habe, auf sehr sandigen und sehr lehmigen Böden, auf steinfreien und steinreichen Böden. Wenn man selbst beim Bearbeiten des Bodens damit konfrontiert ist, wird einem die Bandbreite bei den Bodenqualitäten erst bewusst. Wie in jedem Metier wird es dann richtig interessant, wenn man vieles gesehen und erlebt hat und so Vergleiche ziehen kann.

Ich stamme aus einer Gegend mit steinreichen Böden. Das Steinelesen auf Beeten und Äckern gehört da einfach dazu. Das ist jedoch nicht überall so: Auf Lössböden, die unweit meines Wohnortes anstehen, gibt es bis in einige Meter Tiefe keine Steine. Steine fehlen auch auf anderen durch Ablagerungen entstandenen Böden, beispielsweise auf Schwemmlandböden.

Bei meiner Arbeit und in meinem Lebensumfeld stelle ich jedoch immer wieder fest, dass sich kaum jemand mit dem Boden beschäftigt, geschweige denn ihn als belebten Körper wahrnimmt. Boden ist für viele zu abstrakt, er löst keine Emotionen aus, wie es Tiere oder auch Pflanzen tun. Für viele Menschen ist der Boden nur Haltesubstrat für Nutzpflanzen oder Untergrund für Fundamente. Es scheint einen gesellschaftlichen Konsens zu geben, dass man Boden einfach «verbrauchen» kann.

Die Bodenkrume ist in ständiger Gefahr; sie ist vielen Angriffen ausgesetzt. Oft bin ich wütend und traurig, wenn wieder irgendwo auf fruchtbarem Ackerland eine neue Lagerhalle oder eine Straße um des vermeintlichen Fortschritts willen gebaut wird. Der Verlust durch Überbauung und sonstige Versiegelung ist das eine. Aber auch ackerbaulich genutztes Land ist bedroht. Bei falscher Bewirtschaftung erodiert fruchtbarer Boden; auch dadurch ist der Bodenverlust enorm.

Den Boden fruchtbar und ertragsfähig zu machen ist eigentlich das Ziel der Landbewirtschaftung. Wir leben von dieser dünnen Bodenschicht über dem Gesteinsuntergrund. In der Erde wurzeln und wachsen die Pflanzen, die die Menschheit für ihre Ernährung braucht. Wir tragen die Verantwortung dafür, dass dies auch in Zukunft möglich sein wird, dass die fruchtbare Bodenkrume erhalten bleibt.

Es bleibt also noch viel zu tun, viel Aufklärungsarbeit zu leisten. Mit diesem Buch möchte ich die Augen für die faszinierende Welt des Bodens im eigenen Garten und ebenso der Böden weltweit öffnen. Und ich möchte dafür werben, alles Menschenmögliche für deren Schutz zu tun.

Brunhilde Bross-Burkhardt

LEBENS-
GRUNDLAGE
BODEN

WESHALB BODENSCHUTZ SO WICHTIG IST

Gesunde Luft, gutes Wasser und guter Boden, das sind die Grundvoraussetzungen für menschliches und tierisches Leben. Vor allem der biologische Anbau hat es sich auf seine Fahnen geschrieben, den Boden zu schützen und zu pflegen. Bioanbauer handeln nach der Grundeinstellung, dass nur auf einem gesunden Boden gesunde Pflanzen wachsen, die wiederum den Menschen gesund ernähren.

Zudem steht der Boden auch als Wert für sich. Der Boden mit seinen vielen Ausprägungen – diese oberste Schicht der Erdkruste ist ein einzigartiges Zusammenspiel aus unbelebter (Biotop) und belebter (Biozönose) Welt.

Doch der Boden ist überall in Gefahr. Es droht Verwüstung, es droht Erosion, es drohen Humusverluste und Bodenverluste durch Überbauung. Und dies nicht nur in fernen Ländern, sondern direkt hier bei uns.

Flächenverlust durch Überbauung

Der Boden ist vielerlei Bedrohungen ausgesetzt. Neben der Erosion ist der Flächenverlust durch Überbauung für Siedlungsflächen und für Verkehrsflächen ein gravierendes Problem. Durch die Versiegelung verliert der Boden seine natürliche ökologische Funktion als Lebensraum, als Speicher und Filter sowie seine Fähigkeit, Stoffe umzuwandeln und abzubauen. In Deutschland sind etwa 13,5 Prozent der Fläche Siedlungs- und Verkehrsfläche und 6,2 Prozent sind bereits vollständig versiegelt. Das entspricht in etwa der Fläche von Hessen! In der Schweiz sind 4,7 Prozent der Landesfläche vollständig versiegelt.

Jeden Tag gehen in Deutschland 73 Hektar (Stand 2015) Fläche durch Versiegelung verloren. Insgesamt ist es noch mehr, wenn man auch Erosion und Verschmutzung dazurechnet, nämlich 77 Hektar. Das heißt also, dass in Deutschland jeden Tag eine Fläche so groß wie 100 Fußballfelder überbaut wird! Im Jahr also etwa 28 000 Hektar oder 280 Quadratkilometer. In der Schweiz werden pro Jahr 25 Quadratkilometer überbaut.

Tag für Tag graben Baggerschaufeln fruchtbaren Mutterboden ab.

Aushub einer Baugrube, am Rand deponiert zur späteren Verwendung

WIE VIEL FLÄCHE BRAUCHT EIN MENSCH?
Jeder Europäer braucht im Durchschnitt rein statistisch 1,3 Hektar Fläche für die Erzeugung seiner Nahrung, die Fläche mit einrechnet, die für die Fleischproduktion nötig ist. In Bangladesch sind es dagegen nur etwa 0,3 Hektar. Im Prinzip kann sich die Menschheit (noch) von der Erdoberfläche ernähren. Doch bei zunehmender Weltbevölkerung und fortlaufender Zerstörung und Verwüstung von Böden ist diese Nahrungsgrundlage in Gefahr.

Life-Installation «Ein Hektar / One Hectare»

Durch abstrakte Zahlen lassen sich erfahrungsgemäß nur wenige Menschen aufrütteln. Deshalb haben Umweltschutzgruppen anlässlich des Jahres des Bodens 2015 in Berlin eine spektakuläre Life-Aktion inszeniert: die Installation «Ein Hektar/One Hectare». Sie prangerten damit den Verlust fruchtbarer Böden durch Überbauung an. Bei der Installation deckten die Aktivisten im Park am Gleisdreieck eine ein Hektar große Fläche innerhalb von 20 Minuten mit schwarzer Folie ab – so schnell, wie in Realität fruchtbarer Boden verschwindet. Die Aktion wurde später in Dresden wiederholt.
(Info: www.ein-hektar.de; www.grund-zum-leben.de)

Die deutsche Regierung strebt zwar an, dass sich der Flächenverlust pro Jahr verringert; die Zielvorgabe ist ein Verlust von nur (!) noch 30 Hektar Fläche im Jahr 2020. Doch ob dieses Ziel erreicht wird, ist sehr fraglich. Der Flächenverlust geht hauptsächlich zulasten von Ackerflächen. Wald- und Wasserflächen nehmen dagegen insgesamt gesehen zu. Äcker werden, überspitzt ausgedrückt, zum gefährdeten Biotop.

Life-Installation in Berlin am 22. April 2015: Wie in der Realität durch Bebauung verschwand dabei eine 1 Hektar große Fläche innerhalb von 20 Minuten unter Plastikplanen.

Bodenverlust durch Erosion

Unabhängig von dem Bodenverlust durch Überbauung geht Bodenvolumen durch Erosion verloren. Dies geschieht nicht nur in fernen Regionen der Welt, in denen sich Wüsten bilden oder ausbreiten, sondern unmittelbar vor unserer Haustür. Der durchschnittliche Bodenverlust beträgt zwei Tonnen pro Hektar und Jahr. Regional sind die Verluste noch viel höher. Im Kraichgau in Baden-Württemberg gehen auf manchen Flächen 30 oder sogar 100 Tonnen pro Hektar verloren. Demgegenüber bildet sich nur eine Tonne Boden pro Hektar und Jahr neu. Die Bilanz ist also überall negativ.

Wenn Starkregen auf unbewachsenen Boden prallt, wird Erdreich abgeschwemmt. Das war im Jahr 2016 mitten in Deutschland sehr gut zu sehen. Starkregen traf auf Maisäcker mit bloßem Boden und schwemmte die feine Erde weg. Das Wasser grub sich zwischen den Maisreihen Rinnen und floss rasch hangabwärts. Der Schlamm ergoss sich in Gräben und Vorfluter, die Fließgeschwindigkeit nahm zu, bis Sturzbäche selbst Geröll und große Gesteinsbrocken mit sich rissen und im Tal große Zerstörungen anrichteten. Gärten, Straßen und Häuser wurden verschüttet. Es war nicht das übliche Flusshochwasser, mit dem die Talbewohner umgehen können, die Schlamm- und Geröllawine kam vielmehr von hinten über Klingenbäche von den Talhängen. Eine Situation, die es seit Menschengedenken noch nie gegeben hat.

Auf unmittelbar neben den Maisäckern liegenden mit Getreide oder Raps bestellten Äckern erodierte dagegen kaum Erdreich. Der bewachsene Boden bewährte sich als Puffer, der Wasserspitzen abfedert. Dabei nimmt die Vegetation selber Wasser auf, vor allem aber saugt der Boden Wasser wie ein Schwamm in Hohlräumen und Humus auf und gibt es nur allmählich wieder ab. Der Boden auf den Maisäckern mit womöglich verkrusteter Oberfläche konnte kein Wasser aufnehmen. Dieses Geschehen machte sehr deutlich, wie wichtig eine gute, die Struktur verbessernde Bodenpflege und der Humusaufbau sind und dass es auch auf die Kulturpflanzen selbst ankommt. Dies ist nicht nur auf großen Ackerflächen von Bedeutung, sondern genauso auf Gartenland.

Abb. links oben:
Erosion auf einem Maisacker

Abb. links unten:
Geröllabgang durch die starke Kraft des Wassers

Abb. rechts:
Die Folge von Starkregen: starke Erosion auf Ackerflächen

Bodenverlust entgegenwirken

Jeder Einzelne kann durch praktisches oder politisches Handeln etwas gegen den Bodenverlust im unmittelbaren Umfeld und sogar weltweit unternehmen. Durch pflegliche Behandlung des eigenen Landes kann jeder dem Bodenverlust entgegenwirken. Ziel ist immer, den Boden fruchtbarer zu machen, den Humusgehalt zu erhöhen. Dies gelingt durch beständige Zufuhr von organischer Substanz in Form von Gründüngung und Mulchen.

Indirekt kann man auch durch die Änderung des eigenen Verbraucherverhaltens Einfluss nehmen. Wer Boden schützen will, kauft oder nutzt keine Produkte, für deren Produktion Urwälder abgeholzt werden, was sehr häufig zu schlimmer Erosion und damit zu Bodenverlust führt. Tropenhölzer und Palmölprodukte sind deshalb für Bodenschützer tabu.

Praktisch handeln kann man auch auf politischer Ebene, indem man sich dem Flächenverbrauch entgegensetzt und sich gegen unnötigen Landverbrauch für unnötige Verkehrsflächen und Gewerbegebiete wehrt, die nur einem Zweck dienen: dem Konsum. Ziel muss sein, dass keine weiteren Flächen der Versiegelung geopfert werden, die Versiegelung muss gegen null tendieren.

Gesetzgebung zum Bodenschutz

Das derzeit gültige Bodenschutzgesetz bietet oft keine ausreichende Handhabung gegen Bodenzerstörung. In der Bevölkerung und bei den Entscheidungsträgern in den Kommunen fehlt die Akzeptanz für den Bodenschutz. Ein Problem liegt darin, dass das Bodenschutzgesetz sehr dehnbar ist. Vor allem Ackerland ist sehr gefährdet. Waldflächen sind dagegen stärker geschützt. Bauprojekte auf wertvollem Ackerland lassen sich durch die jetzige Gesetzgebung kaum verhindern. Eine Handhabe haben Bodenschützer eher über den Artenschutz von Pflanzen und Tieren. Um die Bedeutung des Bodens in der Öffentlichkeit bewusst zu machen, bedarf es noch sehr viel Aufklärungsarbeit.

Tonnenschwere Abschwemmung von Feinerde

BODEN VERSTEHEN

WIE DIE FRUCHTBARE BODENKRUME ENTSTANDEN IST

Die Bodenkrume ist global gesehen nur eine dünne Kruste auf der Erdoberfläche. Von dieser leben wir. Manchmal ist sie nur wenige Zentimeter dick, anderswo misst sie über einen Meter und mehr. In Wüstengebieten, an Steilhängen oder im Hochgebirge fehlt die Krume ganz. Mit dieser dünnen Schicht befassen wir uns in diesem Buch.

Die fruchtbare Bodenkrume entstand und entsteht in sehr langen Zeiträumen in einem Zusammenspiel von Klima, Pflanzenbesiedelung und Bewirtschaftung. Unter diesen Einflüssen verwittert der Gesteinsuntergrund allmählich. Dabei spielt das Klima mit seinen vielen Facetten – Temperatur, Niederschläge, Sonneneinstrahlung und Wind – eine bedeutende Rolle. So werden Steinblöcke gesprengt, wenn Wasser in Spalten fließt und gefriert. Durch die Sprengkraft des gefrierenden Wassers, aber auch durch die Sprengkraft von Pflanzenwurzeln zerbrechen die Steine in immer kleinere Brocken bis hin zu winzigen Partikeln. Auch andere Lebewesen – etwa Flechten und Mikroorganismen – wirken ein und zersetzen äußerst langsam den Stein. Weicher Sandstein oder Kalkstein verwittert im Zuge dieser Prozesse relativ schnell; bei hartem Granit oder Gneis verläuft der Verwitterungsprozess extrem langsam.

Bei Wanderungen im Gebirge oder in Flusstälern mit Steinabbrüchen sind wir diesen Verwitterungsprozessen sehr nahe, dort, wo der Fels und Gesteinstrümmer vegetationslos anstehen. Da sehen wir dann die Gesteinsarten, die am jeweiligen Ort im Untergrund vorhanden sind; sei es harter Gneis oder Granit oder weicheres Kalkgestein oder Sandstein. Für mich ist es ein faszinierender Gedanke, mir vorzustellen, wie sich auf felsigem Grund an Ort und Stelle Kulturböden bilden können.

Vorangehende Seite:
Beim Ausheben einer Baugrube ist deutlich zu sehen, dass Boden schichtweise aufgebaut ist.

Abb. rechts:
Bodenaufbau unter einer Wiese auf einem Hausgrundstück: Unter dem humosen Oberboden befinden sich eine braune und eine blaue Lehmschicht («Letten»). Darunter stieß die Baggerschaufel auf sehr harten Muschelkalk.

Baugrube im homogenen, nicht geschichteten Lös

WAS SIND LÖSSBÖDEN?
Lössböden fallen ein wenig aus dem Rahmen der Einteilung in Bodentypen, wie sie im Folgenden dargelegt ist. Lössböden sind Sedimentböden, die durch Verwehung der feinen Lösspartikel entstanden sind. Es ist ein homogenes, ungeschichtetes, hellgelbliches bis graues Sediment, das von der Korngröße her zwischen Sand und Ton liegt und daher dem Schluff zugeordnet ist.

Lössböden sind meistens sehr fruchtbar. Sie bedecken etwa zehn Prozent der Erdoberfläche, hauptsächlich in der gemäßigten Klimazone. In Süddeutschland werden Gegenden mit Lössböden als Gäulandschaften bezeichnet, in Norddeutschland heißen solche Regionen Börden, beispielsweise die Magdeburger Börde. Der Kaiserstuhl in Südbaden ist ebenfalls eine Lössformation. Und: Die bekannte Luvos-Heilerde besteht aus fein vermahlenem Löss.

BODENBILDUNG DURCH SEDIMENTABLAGERUNG

Die dünne Bodenkrume bildet sich zusätzlich noch auf anderem Weg, nämlich durch Zutrag von Bodenpartikeln mit dem Wind oder über Abschwemmungen und Überschwemmungen. Auf diese Weise gelangen feiner Löss (besteht hauptsächlich aus Schluff) und grober Sand sowie organische Substanz in Form von Pflanzenresten oder tierischem Dung auf die Fläche. Lössschichten beispielsweise können mehrere Meter mächtig sein. Schließlich spielten auch die großräumigen eiszeitlichen Überlagerungen mit dem Gesteinsgeschiebe eine Rolle bei der Bodenbildung in vielen europäischen Regionen.

An der Bodenoberfläche sammeln sich also in langen Zeiträumen abgebröckelte, angewehte oder angeschwemmte mineralische und organische Partikel an. Und ganz allmählich entsteht daraus ein Bodenkörper, in dem Pflanzen wachsen können. Ein Bodenkörper als dreidimensionales Gebilde, das je nach Standort mehr oder weniger tief reicht.

Das Wurzelunkraut Acker-Winde hat an dieser Abgrabung im Löss leichtes Spiel.

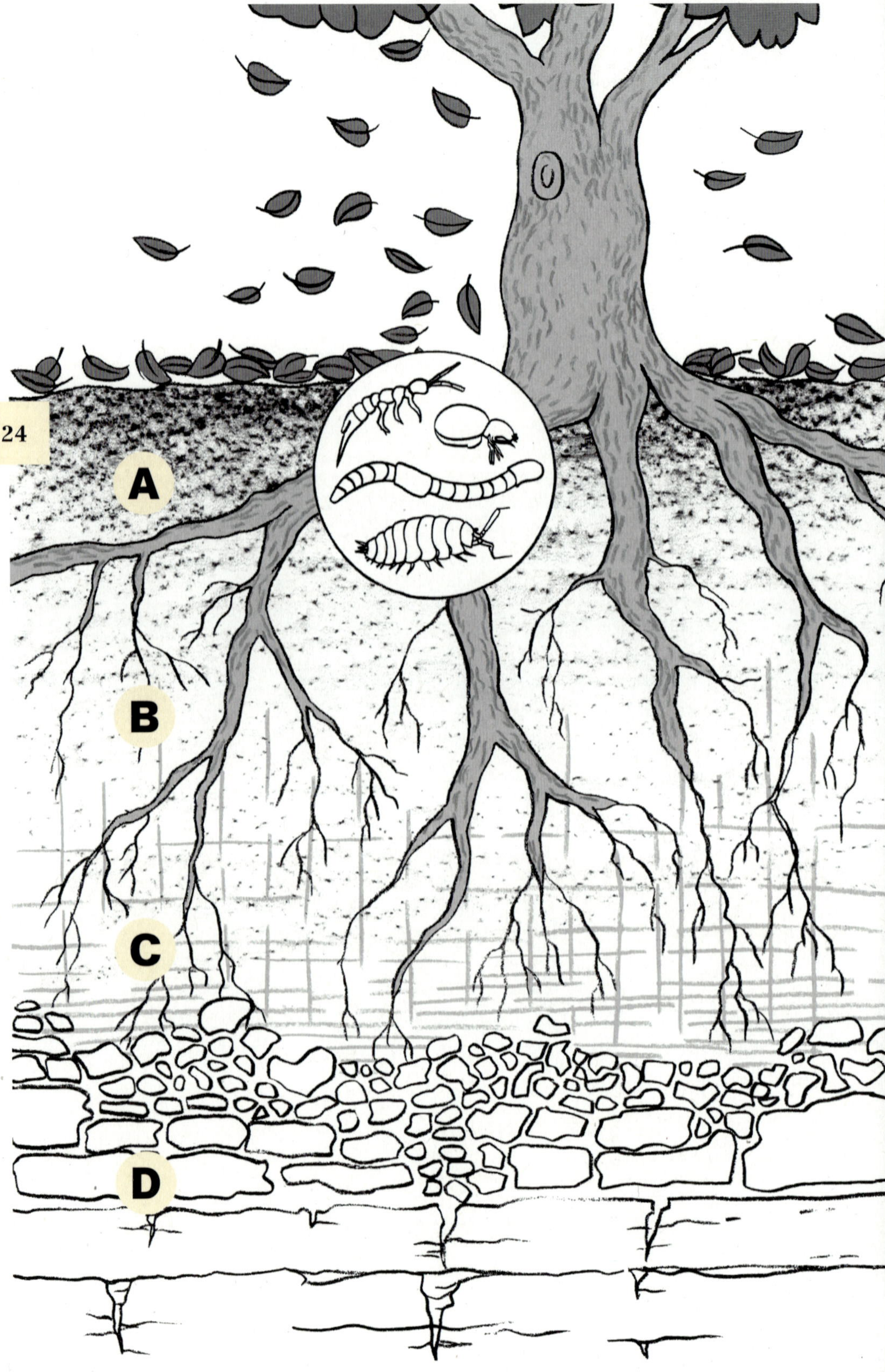
A
B
C
D

BODENAUFBAU UND BODENTYPEN

Der Bodenkörper ist normalerweise geschichtet. Es sind horizontal verlaufende Schichten, die sich im Laufe der Bodenbildung entwickeln und sich fortwährend verändern. Diese Bodenschichten sind unterschiedlich dick, unterschiedlich gefärbt und haben jeweils ihre charakteristischen Eigenschaften. Diesen Aufbau zu untersuchen und zu ergründen, ist ein spannendes Unterfangen.

Bodenprofil freilegen

Dazu muss man senkrecht tief in den Boden graben und ein Bodenprofil freilegen. An diesem senkrechten Aufschluss, der meistens Oberboden, Unterboden und Gesteinsuntergrund umfasst, ist viel abzulesen. Bei jedem Erdaushub oder beim Ausbaggern einer Baugrube ergibt sich für alle sichtbar ein solcher senkrechter Bodenaufschluss. Hier ist die Schichtabfolge vom Gesteinsuntergrund, den darüber liegenden Zonen der Verwitterung und der dünnen Bodenkrume, in der die Pflanzen hauptsächlich wurzeln, sehr gut zu erkennen. In der Fachsprache der Bodenkundler heißen diese Schichten «Horizonte».

Generationen von Bodenkundlern haben die verschiedenen Ausprägungen und Kombinationen der Horizonte bis ins Detail erfasst und klassifiziert. Die Klassifikation beruht neben chemisch-physikalischen Eigenschaften auf charakteristischen sichtbaren Merkmalen wie etwa Farbe, Textur und Material. Dabei gibt es immer eine Abfolge von übereinander geschichteten Zonen.

Schaubild links:
Typisches Bodenprofil über einer Kalksteinformation.

A Stark belebter, humusreicher Oberboden, in dem Springschwänze, Hornmilben, Regenwürmer und Asseln für den Ab- und Umbau der organischen Substanz sorgen.

B Auswaschungshorizont. Kalk- und Tonpartikel werden durch Niederschläge gelöst.

C Anreicherungshorizont. Die ausgewaschenen Bodenpartikel werden über dem Gestein abgelagert. Durch starke Tonanreicherung können sich wasserstauende Schichten bilden.

D Ausgangsgestein, Verwitterungszone. Maßgeblich an der Bodenentwicklung beteiligt.

Wichtige Bodentypen auf Kulturland

Auf mitteleuropäischem Kulturland ist beispielsweise der Bodentyp Parabraunerde sehr häufig. Bei diesem Bodentyp ist die oberste Schicht, der Oberboden, mit Humus angereichert. Darunter folgt eine Schicht, in der Ton ausgewaschen ist. Wiederum darunter folgt der Horizont mit der Tonverlagerung. Zuunterst befindet sich der Horizont mit dem Ausgangsgestein. Sehr häufig ist auch die flachgründige Pararendzina auf Kalkböden. Auf diesen Bodentypen wird am häufigsten Ackerbau betrieben. Sie gehören neben einigen weiteren wie dem Podsol zur Gruppe der Landböden.

Nach der Systematik der Bodenkundler stehen daneben die Grundwasserböden wie etwa Gleye oder Marschböden, die Moore und Kultosole. Auf solchen Böden ist es schwieriger, Land- und Gartenbau zu betreiben. Es ist allerdings möglich, solche Böden zu verbessern und nutzbar zu machen. Gartenböden mit ihrem oft stark vom Menschen beeinflussten Untergrund bezeichnen die Bodenkundler als Hortisole.

Bodentyp und Bodenart

Bodentyp	**Bodenart**
Schichtabfolge von «Horizonten» im Bodenprofil	Zusammensetzung des Bodenkörpers aus Korngrößen
Beispiele: Parabraunerde, Pararendzina, Podsol, Gley	**Beispiele:** Sand, Schluff, Ton

Bodenaufbau unter einem Acker mit steinreichem Unterboden

Humoser Waldboden mit steinreicher Schicht

Torf besteht nur aus organischer Substanz. So wird Torf in Südschweden abgebaut.

BODENARTEN – VON SAND-, LEHM- UND TONBÖDEN

Der Fachbegriff Bodentyp bezieht sich also auf die Schichtabfolge im Bodenprofil. Der wichtige Fachbegriff Bodenart bezieht sich auf die Zusammensetzung des Bodenkörpers. Über die Bodenart auf dem eigenen Grundstück Bescheid zu wissen, ist für alle Grundstücksbesitzer wichtig. Sie sollten wissen, ob Sie es mit einem Sandboden, einem Lehm- oder Tonboden zu tun haben. Schauen Sie sich einfach einmal eine Handvoll Boden an und überlegen Sie sich, woraus diese gelbliche oder bräunliche Masse besteht: Ist sie einheitlich (amorph) oder strukturiert? Wie fasst sich die Bodenprobe an, wenn man sie mit zwei Fingern drückt und knetet?

Diese Fragen zielen schon darauf ab, dass Boden keine amorphe Masse, sondern in sich strukturiert und aus verschiedenen Partikeln zusammengesetzt ist. Es sind mikroskopisch kleine Partikel und Sandkörner, die man mit bloßem Auge erkennen und mit den Fingern ertasten kann. Zudem unterscheiden sich die Böden und die Bodenbestandteile in der Farbe.

Sand

Schluff

Ton

Bei Trockenheit auf Lehm- und Tonböden ein Phänomen: Trockenrisse

LEICHTER ODER SCHWERER BODEN

Ob der Boden «leicht» oder «schwer» ist, merkt man, wenn man ihn mit Hacke oder Spaten bearbeitet. Diese Charakterisierung besagt, wie leicht oder schwer sich ein Boden bearbeiten lässt. Dies hängt mit der Bodenart zusammen. Leicht zu bearbeiten sind Sandböden, schwer zu bearbeiten sind Tonböden. Lehmböden liegen dazwischen.

Bodenart und Korngröße

Bei der Bodenart geht es nur um die mineralischen Bestandteile und deren Größe, die sogenannte Korngröße. Diese ist genau definiert *(siehe Tabelle unten)*. Je nachdem, aus welchen Korngrößen ein Boden zusammengesetzt ist, spricht man von Sand-, Schluff- und Tonböden. In der Realität hat man es aber selten mit reinen Sand-, Schluff- oder Tonböden zu tun. Viel häufiger sind Böden mit einer Mischung aus den Korngrößen Sand, Schluff und Ton. Dabei gibt es fließende Übergänge. Zwischenstufen heißen lehmiger Sand, sandiger Lehm, toniger Lehm und lehmiger Ton. Und Lösslehm gibt es auch noch. Der Sandanteil nimmt in der Abstufung ab, der Schluffanteil bleibt etwa gleich, der Tonanteil nimmt zu. Auf dem abgebildeten Bodenartendreieck sind diese Abstufungen schematisch dargestellt.

Jede Bodenart – Sand-, Lehm- oder Tonboden – hat bestimmte Eigenschaften, günstige und weniger günstige. Einige Kulturpflanzen kommen mit (fast) allen Bodentypen zurecht, andere stellen bestimmte Ansprüche an den Boden. Ungünstige Eigenschaften lassen sich oft durch die Art und Weise der Bearbeitung, durch Düngung und Bodenverbesserung ausgleichen. Ziel ist ein fruchtbarer, gut zu bearbeitender Boden, der Wasser und Nährstoffe gut hält und langsam freisetzt. Dann gedeihen fast alle Kulturpflanzen gut.

Bodenart	**Korngröße**
Ton	kleiner als 0,002 mm
Schluff	0,002–0,063 mm
Sand	0,063–2 mm
Kies (gerundete Formen) und Grus (eckige Formen)	2–63 mm
Steine und Blöcke	größer als 63 mm

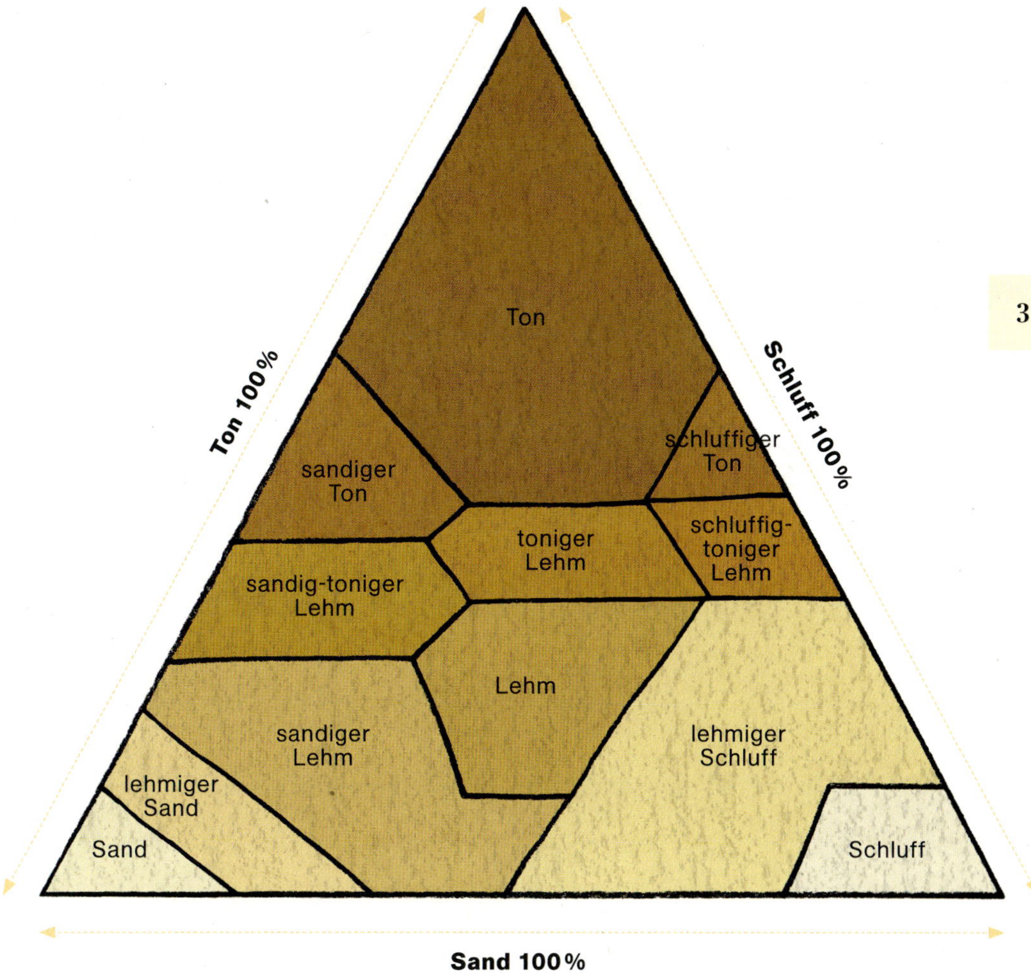

Schaubild:

Das Bodenartendreieck.

Der Erdboden lässt sich je nach dem Anteil an Ton, Schluff und Sand in die etwas schematisch dargestellten zwölf Bodenarten einteilen.

Abb. oben:
Durchlässiger Sandboden ist gut geeignet für Spargelanbau.

Abb. Mitte:
Humusreicher, mit Kies durchsetzter Boden (hier auf der Insel Reichenau) bietet beste Bedingungen auch für anspruchsvolle Kulturen.

Abb. unten:
Auf bindigem, lehmigem Boden gedeihen alle Gemüsekulturen.

SANDBODEN: SCHNELL ZU TROCKEN

Sandboden besteht per Definition der Bodenkundler zu 85 Prozent aus Sandkörnern. Er ist gut zu bearbeiten und erwärmt sich rasch. Aber Nährstoffe werden schnell ausgewaschen und der Boden trocknet schnell aus. Landwirte und Gärtner streben deshalb danach, den Boden bindiger zu machen, sodass er Nährstoffe und Wasser besser hält. Dies erreicht man durch Zugabe von organischer Substanz, beispielsweise in Form von Kompost und durch Zugabe von Tonmehl. Zur Verbesserung trägt auch die regelmäßige Aussaat von Gründüngung bei, die dem Boden organische Stoffe zuführt. Mulchen ist auf Sandböden besonders effektiv, weil es vor Austrocknen schützt.
Auf Sandböden gedeihen Möhren und Kartoffeln, Schwarzwurzeln und Spargel gut, weil deren Wurzeln oder Knollen sich gut im lockeren Substrat ausdehnen können.

LEHMBODEN: IDEAL FÜR KULTURPFLANZEN

Lehmboden, bei dem Ton-, Schluff- und Sandpartikel gut gemischt sind, hält Wasser und Nährstoffe gut und gibt sie gleichmäßig ab. Er bietet gute Bedingungen für alle Kulturpflanzen. Um seine gute Ertragsfähigkeit zu erhalten, gibt man Humus in Form von Kompost dazu. Passende Gründüngungspflanzen sind Phazelie und Gelb-Senf.

TONBODEN: SCHWER ZU BEARBEITEN

Tonboden besteht zu über 65 Prozent aus winzig kleinen Tonpartikeln unter 0,002 Millimeter Durchmesser. Tonboden enthält viele Nährstoffe. Aber er ist schlecht durchlüftet und schwer zu bearbeiten. Bei Regen wird er schlammig, beim Austrocknen wird er rissig und verhärtet, sodass er kaum noch zu bearbeiten ist. Fürs Hacken und Umgraben muss man genau den richtigen Zeitpunkt abpassen. Er heißt deshalb auch «Minutenboden».
Bei Tonboden kommt es darauf an, seine Struktur zu verbessern und ihn zu belüften. Dies erreicht man durch Zugabe von Sand und organischem Material, vor allem von Kompost, der immer ausgleichend wirkt. Tief wurzelnde Gründüngungspflanzen wie Ölrettich verbessern ebenfalls die Struktur. Auch Mulchen wirkt sich günstig aus, weil es ein Austrocknen verhindert.
Kulturpflanzen, die viele Nährstoffe brauchen, gedeihen gut auf tonhaltigen Böden, vor allem sind dies Kopfkohl, Blumenkohl, Sellerie und Lauch.

DER OBERBODEN IM DETAIL

Der Fachbegriff Bodenart bezieht sich auf die mineralischen Bodenbestandteile. Diese sind jedoch nur ein Teil des Ganzen. Die oberste Bodenschicht besteht zudem aus Hohlräumen, den Poren, und aus organischen Bestandteilen, vor allem Humus, aber auch aus tierischen und pflanzlichen Lebewesen, inklusive der Wurzeln. Der Anteil der Komponenten ist je nach Bodenart, Nutzung und weiteren Gegebenheiten unterschiedlich. Die Darstellung in der Skizze bezieht sich auf einen guten Oberboden.

Schaubild:
Der Oberboden.

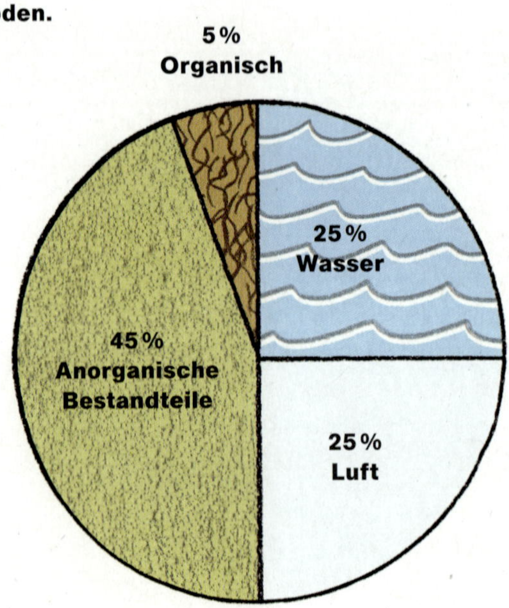

Im Detail, auf der Ebene der Bodenkrümel, setzt sich der Oberboden auf ähnliche Weise zusammen. Dabei liegen die Sandkörner, die Ton- und Schluffpartikel und die Humusteilchen nicht einfach so beziehungslos nebeneinander. Sie sind vielmehr durch chemisch-physikalische Bindekräfte und durch das Bodenleben miteinander verbunden und mehr oder weniger fest miteinander verkittet. Im Idealfall bilden sie im Verein mit den Poren die Krümel, wie in der Skizze dargestellt. Solche Bodenkrümel sind sehr stabil; sie halten der Bearbeitung und aufprasselndem Regen stand und geben der obersten Bodenschicht ihre innere Struktur. Ein krümeliger Boden ist fruchtbar und gut zu bearbeiten. Auf diese Krümel kommt es bei der Gartenbewirtschaftung also an!

Schaubild:
Krümelgefüge.

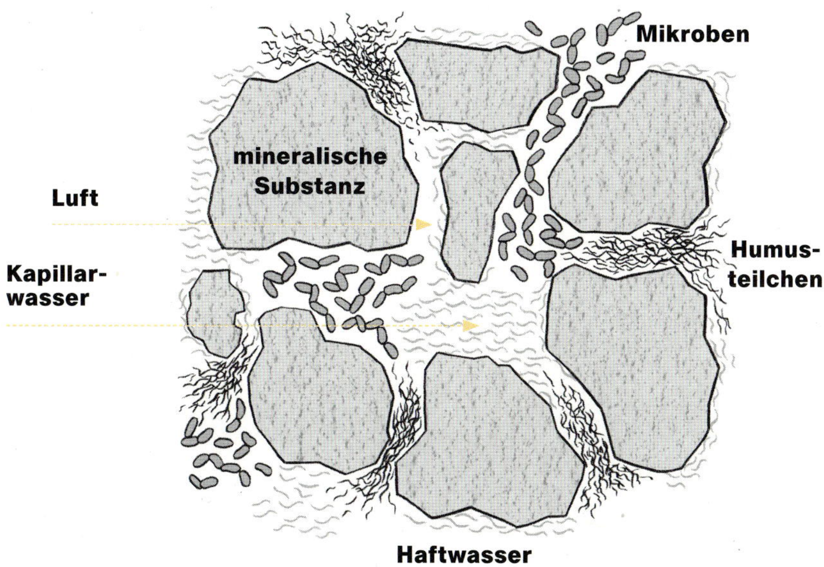

Mineralische Bestandteile

Dies sind Sand-, Schluff- oder Tonpartikel. Sie haben wie der Bodenkörper als Ganzes ebenfalls eine innere Struktur und setzen sich aus unterschiedlichen mineralischen Verbindungen und chemischen Elementen zusammen. Ein sehr bekanntes und verbreitetes Mineral ist der Quarz (SiO_2). Er ist an seiner hellen Farbe, dem muscheligen Bruch und seinem Fettglanz gut von anderen Mineralen zu unterscheiden. Feldspäte sind ebenfalls weit verbreitet. Sie werden auch als Gerüstsilikate bezeichnet. Neben Silizium enthalten sie Aluminium, Natrium, Kalium, Kalzium. Beim Glimmer sind die Silikate blättchenförmig ausgebildet; sie sind deswegen sehr gut spaltbar. Granit ist hauptsächlich aus diesen drei Mineralen zusammengesetzt. Alle Studenten, die eine Bodenkunde-

vorlesung hören, prägen sich speziell diese drei Minerale mit dem Merkspruch ein: «Feldspat, Quarz und Glimmer, die drei vergess' ich nimmer!»

Zudem gibt es Minerale, die bei Verwitterung neu entstehen. Dazu zählen beispielsweise die Tonminerale wie Kaolinit und die Kalziumkarbonate wie Dolomit. Diese Minerale spielen beim Geschehen in Acker- und Gartenböden eine große Rolle. Tonminerale sind schichtweise aufgebaut und lagern zwischen den Schichten Wassermoleküle und verschiedene Ionen ein. Sie sind also in der Lage, Pflanzennährstoffe zu speichern. Sie entziehen sie der Auswaschung und geben sie wohldosiert wieder in die Bodenlösung ab. Die Speicherfähigkeit von Böden für Wasser und Nährstoffe lässt sich daher durch Einmischen von Tonmineralen verbessern. Dies kann auch beim Kompostieren geschehen *(siehe Seite 157)*.

Poren mit Bodenluft und Bodenwasser

Bodenporen erfüllen eine wichtige Funktion, denn in ihnen zirkulieren Luft und Wasser. Luft und Wasser müssen in den Poren in einem guten Verhältnis zueinander stehen. Bei zu hohem Luftanteil ist der Boden zu trocken; bei zu vielen mit Wasser gefüllten Poren ist der Boden zu nass. Beide Extreme sind ungünstig für das Pflanzenwachstum und für die im Boden lebenden Tiere. Dabei hängen Größe und Verhältnis der Poren zueinander stark von der Bodenart ab. Bis zu einem gewissen Grad lässt sich dies durch die Bodenpflege beeinflussen.

Poren im Boden und ihre Größe	
Grobporen	über 0,01 mm
mittlere Poren	0,0002–0,01 mm
Feinporen	kleiner als 0,0002 mm

BODENLUFT

Der Luftanteil im Boden ist – je nach Bodenart – stark unterschiedlich. Er schwankt zwischen etwa 5 Prozent in Tonböden und etwa 40 Prozent in Sandböden. Die Bodenluft bewegt sich in den über 0,01 Millimeter großen Grobporen. Die kleineren Poren sind mit Wasser gefüllt.
Die Bodenluft nimmt das Kohlendioxid auf, das bei der Atmung der Bodenlebewesen und Pflanzenwurzeln und bei der Zersetzung der organischen Stoffe des Bodens entsteht. Sie enthält deshalb ein Mehrfaches an Kohlendioxid gegenüber der Atmosphäre. Der Anteil darf nicht zu hoch steigen, denn Kulturpflanzen brauchen mindestens 15 Prozent Sauerstoff in der Bodenluft. Es ist deshalb notwendig, den Boden zu lockern, damit sauerstoffhaltige Luft aus der Atmosphäre in die Bodenporen einströmen kann.
Weitere Gase wie etwa Methan und Schwefelwasserstoff können sich ebenfalls in der Bodenluft befinden.

BODENWASSER

Bodenwasser ist zum einen das Sickerwasser, das durch Grobporen der Schwerkraft folgend ins Grundwasser versickert. Zum anderen ist es das Haftwasser, das der Boden in seinen Mittel- und Feinporen gegen die Schwerkraft festhält. Im Bodenwasser gelöst sind die Nährstoffe, die von den Pflanzenwurzeln aufgenommen werden. Zusätzlich scheiden Pflanzenwurzeln Fermente und organische Säuren aus, um Nährstoffe aus Mineralien und Humus herauszulösen.

Sand hat ein großes Porenvolumen mit vielen Grobporen.

Humus dank Bodenlebewesen

Unter Humus versteht man verrottete, organische Substanz, die wieder zu Erde geworden ist. Bodenkundler unterscheiden noch zwischen Nährhumus und Dauerhumus (und Rohhumus).

Die Humusgehalte in Böden sind unterschiedlich. Auf normalen Gartenböden liegen sie bei 2 bis 5 Prozent, auf Grünland bei etwa 5 bis 8 Prozent. Moorböden bestehen zu 100 Prozent aus organischer Substanz. Man kann davon ausgehen, dass der Humusgehalt umso höher ist, je dunkler die Bodenfarbe ist.

Wenn Humus sich bildet, entsteht aus pflanzlichen und tierischen Rückständen etwas Neues. Das Heer der Bodenlebewesen zerlegt dabei die Rückstände in ihre chemischen Bestandteile und baut auf biochemischem Wege wieder neue Verbindungen auf, eben den Humus. Besonders wertvoll sind die stabilen Ton-Humus-Komplexe, die vor allem das Werk der Regenwürmer sind.

Im Detail treten die Bodenlebewesen bei diesem Prozess der Humifizierung nach und nach in Aktion: Die ersten Zersetzer sind verschiedene Arten von Schimmelpilzen. Sie sind zum Beispiel in den Falllaubschichten im Herbst gut zu sehen. Die Schimmelpilze scheiden antibiotische Stoffe und Fermente aus. Die Fermente bauen Stärke, Fett, Zellulose und andere Stoff ab und lösen sie auf. Es entstehen lösliche Stickstoffverbindungen wie Ammoniak-Salpeter und Aminosäuren, die während des Rottevorgangs rasch in Form von Schimmelpilzeiweiß gebunden werden. Dieses Pilzeiweiß wirkt wie eine langsam fließende Stickstoffquelle für andere Organismen.

In der Folge zersetzen sich auch die Schimmelpilzgeflechte, das Pilzmyzel, von dem sich die Strahlenpilze, Hutpilze und sauerstoffliebende Bakterien ernähren. Auch Regenwürmer und andere kleine Bodentiere fressen Schimmelpilzmyzel. Die Endprodukte der mikrobiellen Rottevorgänge sind stickstoffreiche Humusverbindungen und Mineralstoffe, die von den Wurzeln leicht aufgenommen werden.

Nährstoffe in der Bodenlösung

In der Bodenlösung befinden sich Nährstoffe in flüssiger Form, die von den Pflanzenwurzeln, vor allem über die Wurzelspitze und die Wurzelhaare, aufgenommen werden. Die Pflanzenwurzeln selbst sind in der Lage, durch chemisch-physikalische Vorgänge Nährstoffe aus Mineralien und Humus herauszulösen. Dabei sind Fermente und organische Säuren im Spiel, die die Pflanzen ausscheiden.

Schaubild:

Die Wurzelspitze.

Die Mineralstoffe werden im Wesentlichen über die wachsende Wurzelspitze und die feinen Haarwurzeln aufgenommen.

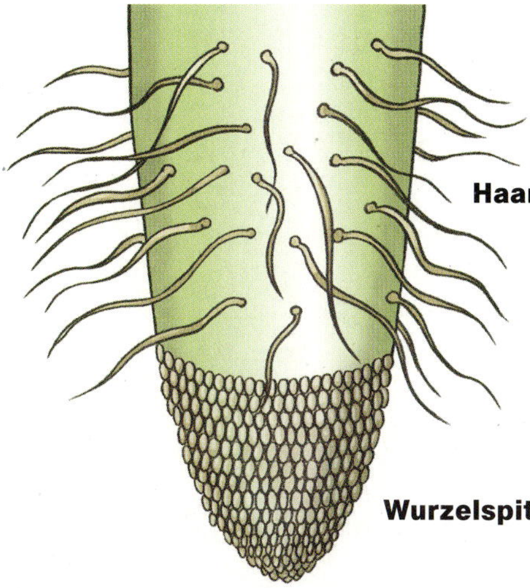

So unterschiedlich kann Erde gefärbt sein

Bodenfarbe und Bodengeruch

Die Farbe des Bodens sagt viel über seine Eigenschaften aus. Die Färbung rührt zum Teil von Huminstoffen her. Sie entstehen im Zuge der Humifizierung, wenn das tote organische Material zu Humus umgebaut wird. Ihr Farbspektrum liegt zwischen grau, braun und schwarz. Die schwarze Färbung nimmt mit zunehmendem Huminstoffgehalt zu und ist abhängig von der Humusform und anderen Faktoren. Anhand der Schwarzfärbung lässt sich ungefähr auf den Gehalt an organischer Substanz schließen.

Eisenhaltige Mineralien färben ebenfalls und bringen gelbe, braune, rote, blaue und grüne Farbtöne in den Boden. Dabei sind Böden unseres humiden Klimas meist gelbbraun, braun oder rostbraun gefärbt, beruhend auf dem Mineral Goethit. In Böden wärmerer Klimate überlagert das Rot des Hämatits diese Grundtöne. Schwarze Färbungen können außer durch fein verteilte Eisensulfide (FeS und FeS_2) auch durch Manganoxide bedingt sein. Weiße Färbungen kommen durch Kalzit, Gips oder lösliche Salz zustande.

Aufmerksame Menschen nehmen den Boden mit allen Sinnen wahr. Die typischen Gerüche von frisch umgegrabener oder umgepflügter Erde, von reifem Kompost oder von Walderde prägen sich fest ins Gedächtnis ein. Solche Sinneseindrücke vergisst man ein Leben lang nicht.

Umgegrabener Gartenboden im Winter

WAS DEN BODEN INTERESSANT MACHT

Alte Gartenböden erzählen Geschichte

Einer meiner Gärten, den ich bewirtschafte, ist schon seit Generationen in der Familie. Archivalien zufolge ist dieses Flurstück schon seit etwa 250 Jahren Gartenland. Ein Garten mit Geschichte also. Das zeigt sich an den Fundstücken auf dem Gelände. Jedes Mal beim Hacken oder Umgraben befördere ich dort kleine Gegenstände ans Tageslicht: Keramikscherben, Glasscherben, rostige Nägel und Knöpfe. Vermutlich sind die Fundstücke über den Kompost in den Gartenboden gelangt. Als meine Großmutter den Garten bewirtschaftete, gab es eine «Miste», auf der alles Ausrangierte aus dem Haushalt deponiert wurde und vor sich hin rottete, darunter sicher auch Hölzer mit Nägeln und Schrauben und Kleidungsstücke.

Dazu bilden stellenweise Pflaumen- und Zwetschgensteine eine ziemlich dichte Decke – fast schon eine Art Mulchschicht. Sie blieben übrig, nachdem das Fruchtfleisch von heruntergefallenen Früchten der beiden Pflaumenbäume und des Zwetschgenbaums verrottet war, und bedecken jetzt das Erdreich.

Abb. oben:
Pflaumensteine bleiben auf dem Boden liegen.

Abb. rechts:
Steinreicher Boden: in jedem Winter wieder neu

Fundstücke auf dem Acker: Feuersteine. In der Mitte unten ein angeschliffener Stein

Feuersteine auf dem Acker

Feuersteine findet man in manchen Regionen als knollenartige Steinbrocken, die oben auf dem Ackerboden liegen. Landwirte mögen diese äußerst harten Steine gar nicht, weil sie ihre Geräte beschädigen. Doch angesichts der großen Bedeutung, die Feuersteine in der Entwicklungsgeschichte der Menschheit einnehmen, sollten wir sie wertschätzen.

Steinzeitmenschen richteten das harte Gestein zu schneidenden Werkzeugen und Pfeilspitzen zu. Die Eigenschaft der Feuersteine, dass Abschläge sehr scharfkantig sind, dazu groß und flach, prädestiniert sie für diesen Zweck. Zudem lassen sich mit Feuersteinen Funken schlagen – eine Fertigkeit, die die Menschheit in ihrer Entwicklung einen großen Schritt weiterbrachte.

Feuersteine entstanden vor mehr als 200 Millionen Jahren zur Zeit des Trias aus kalkreichen Meeresablagerungen. Es ist ein Kieselgestein, das die gleiche chemische Formel wie Opal hat. Metalloxide und andere chemische Verbindungen geben Feuersteinen die teils expressiven Farben.

Feuersteine wecken bei Menschen, die einmal auf sie gestoßen sind, Sammelleidenschaft. Die bis etwa 30 Zentimeter großen Steinbrocken sehen außen unscheinbar schwarz, dunkelgrau oder weiß aus. Wer diese Steine einmal bewusst gesehen hat, erkennt sie auf einem steinreichen Acker schnell. Aufgebrochen oder angeschnitten sehen sie im Inneren ganz besonders aus: Durch ockerfarbene, rote, braune, honiggelbe, dunkelviolette, violettrote, grüne oder gebänderte Einlagerungen wirken sie bunt wie Edelsteine. Durch Anschleifen und Polieren kommen die Farben und Muster erst recht zur Geltung. So entstehen wunderschöne Schmuckstücke. Manchmal sind in den Feuersteinen Drusen mit Bergkristallen eingeschlossen. Es gibt unendlich viele Herkünfte und Spielarten. Mit einem Härtegrad von 7,5 gelten sie als Halbedelsteine. Flintstein ist eine andere Bezeichnung, die auch im Englischen verwendet wird (flintstone).

WO MAN FEUERSTEINE FINDET

Ich lebe in einer Gegend, die reich an Feuersteinen ist; Geologen bezeichnen die Region als Hohenlohisch-Fränkischen Feuersteinhalbmond. Ein anderes Feuersteinvorkommen ganz in der Nähe ist im Knollenmergel entstanden und gab einem Ort den Namen: Flinsberg bei Oberrot in Baden-Württemberg. An der Ostseeküste und auf Rügen findet man häufig den auffälligen schwarzen und weißen Flintstein (Baltischer Flintstein). In Norddeutschland gibt es ebenfalls Feuersteinvorkommen im Muttergestein. Von dort wurden sie mit den eiszeitlichen Geschieben im gesamten nördlichen Mitteleuropa bis zur Feuersteinlinie am Harznordrand verbreitet und finden sich in End- und Grundmoränen.

WENN STEINE IMMER WIEDER NACH OBEN KOMMEN

Manche Acker- und Gartenböden sind «steinreich». Da kann man noch so viele Steine ablesen – schon ein Jahr später sind neue Steine da. Dies ist keine wundersame Steinvermehrung, sondern hat einen einfachen physikalischen Grund: Durch Frosteinwirkung kommen Steine aus dem Untergrund nach oben. Dieses Phänomen zeigt sich auf flachgründigen Böden mit dünner Erdkruste, beispielsweise auf Kalkböden.

An Orten mit solchen Böden sind die Grundbesitzer ständig damit beschäftigt, die Steine abzulesen, weil sie die Bewirtschaftung stören und Geräte und Maschinen beschädigen. Sie transportieren sie von Äckern und Wiesen weg und schichten sie an anderer Stelle in besonderer Art und Weise auf. So entstanden in zurückliegenden Jahrhunderten vor allem an Talhängen Lesesteinhaufen oder mächtige Steinriegel. In manchen Tälern Mitteleuropas prägen diese Steinriegel das Landschaftsbild. Sie ziehen sich oft längs zum Hang von der Hangsohle bis zur Talkante. Hier sind sie längst prägender Teil des Landschaftsgefüges geworden und haben sich zudem zu äußerst wertvollen Biotopen für Kleinsäuger, Amphibien und Insekten entwickelt.

Typisch für Muschelkalktäler: aus Lesesteinen kunstvoll aufgeschichtete Steinriegel

iele Steine gab's ...

BELEBTER BODEN

Der Boden ist ein gigantisches Labor, in dem chemische, biologische und mechanische Vorgänge ineinandergreifen. Da wird gelöst, verdrängt, gesaugt, gefressen ... Es ist kaum vorstellbar, wie lebendig der Boden unter unseren Füßen ist. Eine parallele Welt, Stoff für Fantasygeschichten! Vor allem wenn man weiß, wie fantastisch die Bodenlebewesen geformt sind.

In stärker belebten Mineralböden kann der Anteil lebender Biomasse an der gesamten organischen Substanz 10 bis 15 Prozent betragen, und davon wiederum die Hälfte bilden die lebenden Pflanzenwurzeln. Im Schnitt geht man davon aus, dass die pro Hektar in der Erdkrume lebenden Bodenlebewesen zusammen ein Gewicht von 800 bis 1000 Kilogramm auf die Waage bringen. Auf gut belebten Böden bringen Bodenorganismen bis zu etwa 2,5 Kilogramm Gesamtgewicht pro Quadratmeter auf die Waage. Die Bodenmikroflora (Bakterien, Algen, Blaualgen und Pilze) hat daran einen Anteil von etwa 80 Prozent.

Tief reichendes Wurzelwerk der Luzerne

Abb. rechts:
Freigelegter Wurzelraum einer Linde, deren mächtiges Wurzelwerk eine Mauer zur Seite gedrückt hat.

VERTEILUNG DER ORGANISMEN IM BODENPROFIL

Verschiedene Zonen eines Bodens sind unterschiedlich stark belebt. Algen sind in den obersten Zentimetern des Bodens besonders stark konzentriert, da sie zur Assimilation Licht benötigen. Einige Erstzersetzer unter den Bodentieren, die sich von der frischen Laubstreu auf der Bodenoberfläche ernähren, konzentrieren sich ebenfalls an der Bodenoberfläche, zum Beispiel Asseln und Tausendfüßer.

In der Umgebung lebender Pflanzenwurzeln, Rhizosphäre genannt, bildet sich eine Lebensgemeinschaft mit höherer Besatzdichte und anderer Zusammensetzung als im umgebenden Boden; vor allem sind dies Bakterien. Die Rhizosphärenorganismen konkurrieren mit der Pflanze um Nährstoffe und Sauerstoff; andererseits machen sie Bodennährstoffe für die Pflanzen leichter zugänglich und setzen sie frei. Zudem synthetisieren sie Wuchsstoffe, die die Pflanzen aufnehmen können.

Vor allem das bessere Nahrungsangebot durch stärkere Durchwurzelung und Streuzufuhr von oben bewirkt, dass in vielen Böden in den humosen Oberbodenhorizonten insgesamt sehr viel mehr Mikroben leben als in tiefer gelegenen. Der Mikroorganismenbesatz schwankt allerdings in Abhängigkeit von der Jahreszeit. Im gemäßigt humiden Klima ist er bei steigender Temperatur und ausreichender Feuchtigkeit im Frühjahr am größten; im Sommer sinkt er infolge der Trockenheit. Im Herbst steigt er aufgrund neu anfallender Streu und besserer Wasserversorgung wieder an, um im Winter wegen niedriger Temperaturen auf ein Minimum zu sinken.

Die größeren Bodentiere – allen voran die Regenwürmer – durchwühlen und vermischen die mineralischen Bodenteile. Sie schaffen Hohlräume und sorgen so für Belüftung im Boden.

Bodenlebewesen

(geordnet nach Größe) und ihr Gewicht pro Quadratmeter in Böden bis 30 cm Tiefe

(entnommen aus Scheffer/Schachtschabel: Lehrbuch der Bodenkunde, 1982)

Mikroflora	**Gewicht pro m²**
Bakterien	50–500 g/m²
Strahlenpilze	50–500 g/m²
Pilze	100–1000 g/m²
Algen	1–15 g/m²
Mikrofauna (0,002–0,2 mm)	
Geißeltiere	zusammen bis zu 100 g/m²
Wurzelfüßer	
Wimpertierchen	
Mesofauna (0,2–2 mm)	
Rädertiere	0,01–0,2 g/m²
Fadenwürmer	1–20 g/m²
Milben	1–10 g/m²
Springschwänze	0,6–10 g/m²
Makrofauna (2–20 mm)	
Kleine Borstenwürmer	2–26 g/m²
Schnecken	1–30 g/m²
Spinnen	0,2–1 g/m²
Asseln	0,5–1,5 g/m²
Doppelfüßer	4–8 g/m²
übrige Vielfüßer	0,5–3 g/m²
Käfer und ihre Larven	1,5–20 g/m²
Zweiflüglerlarven	1–10 g/m²
übrige Insekten	1–15 g/m²
Megafauna (20–200 mm)	
Regenwürmer	40–400 g/m²
Wirbeltiere	0,1–10 g/m²

BODENMIKROFLORA – PILZE, ALGEN UND BAKTERIEN

Als Flora wird eigentlich die Pflanzenwelt bezeichnet. Früher rechnete man aber auch Pilze und Bakterien der Pflanzenwelt zu, um sie als Gesamtheit dem Tierreich, der Fauna, gegenüberzustellen. Daher spricht man auch heute noch von der Bodenflora und meint damit die im Boden lebenden Algen und Flechten, aber auch die Bakterien und Pilze.

Abb. oben:
Pilze als Zersetzer im Kompostmaterial

Abb. unten:
Pilzhyphen durchziehen das organische Material.

Bakterien

Die nur 0,001 bis 0,01 Millimeter großen Bakterien vermehren sich besonders gut in lockerer, gut belüfteter Erde. Die meisten Arten ernähren sich von zersetzten organischen Stoffen. Sie sind teils vom Sauerstoff abhängig (aerobe Arten), teils leben sie ohne ihn (anaerobe Arten), manche sind wahlweise aerob oder anaerob, die meisten wasserabhängig. In verschlämmten, verdichteten Böden können sie sich nicht bewegen und nicht vermehren. Manche Bakterienarten verwerten den Kohlenstoff aus Pflanzenresten, andere leben wahlweise mit oder ohne pflanzlichen Kohlenstoff, wieder andere können den Kohlenstoff des Kohlendioxids der Luft verwerten.

Bakterien bewirken die Bodengare, damit bezeichnet man den Idealzustand des Bodens mit in Bezug auf die Bodenfruchtbarkeit optimalen Eigenschaften. Sie sind für einen fruchtbaren Boden daher unerlässlich. Lediglich sauerstoffabhängige Eisen- und Schwefelbakterien bilden pflanzenschädliche Schwefel- und Eisenverbindungen. Einige Bakterien sind Stickstoffbinder, das heißt, sie binden den Stickstoff aus der Luft, etwa die Gattung *Acetobacter*.

Blaualgen, Cyanobakterien

Blaualgen gehören – anders als der Name vermuten lässt – nicht zu den Algen, sondern zu den Bakterien. Wie diese besitzen sie keinen Zellkern. Wissenschaftlich exakt heißen sie Cyanobakterien. Sie gehören zu den ältesten Lebensformen auf unserem Planeten. Die extrem anpassungsfähigen Blaualgen leben in kalten und heißen Gewässern, im und auf Böden, auf Baumrinden und auf Gestein. Gelegentlich findet man Ansammlungen von Cyanobakterien als gallertige Masse oder schleimigen Überzug an der Bodenoberfläche. Je nach Pigmentierung können Cyanobakterien blau, grün, rot oder sogar schwarz gefärbt sein. Einige Cyanobakterien werden auch als Nahrungsmittel verwendet; sie sind beispielsweise unter der Bezeichnung «Spirulina» im Handel.

Blaualgen betreiben wie höhere Pflanzen Fotosynthese und wandeln Kohlendioxid aus der Luft in Zucker und Stärke um. Zudem setzen sie bei der Fotosynthese Sauerstoff frei. Einige Blaualgenarten besitzen die Fähigkeit, elementaren Stickstoff zu binden. Man findet sie beispielsweise auf Reisfeldern, wo sie zu einem großen Teil zur Stickstoffversorgung der Pflanzen beitragen. Sie sind in der Lage, mittels des Enzyms Nitrogenase den Stickstoff aus der Luft zu fixieren.

Algen

Algen betreiben Fotosynthese mithilfe von Chlorophyll. Sie leben teils vom Kohlenstoff des Kohlendioxids (CO_2) der Luft, teils von organisch gebundenem Kohlenstoff. Sie kommen vorwiegend im Wasser vor. Es gibt auch stickstoffbindende Algen.

Pilze

Es gibt Schleim-, Algen-, Schlauch- und Ständerpilze. Sie besitzen im Unterschied zu Bakterien und Blaualgen einen Zellkern. Pilze sind weniger als Bakterien auf Wasser angewiesen, viele Arten bilden Geflechte (Hyphen, Myzele) von mikroskopischer Feinheit (Durchmesser 0,006 bis 0,01 Millimeter) und sind dadurch an der «Lebendverbauung» im Boden beteiligt, das heißt an der Krümelbildung. Sie leben von organischen Substanzen.

Schleimpilze leben von Dung und anderen sich zersetzenden Stoffen, auch von Bakterien, und verändern dadurch die Bakterienflora einer Erde. Algenpilze (auch als Zellulosepilze bezeichnet) bauen Kohlehydrate ab, neben Zellulose auch Chitin. Zu den Schlauchpilzen gehören Hefen, darunter auch Stickstoffbinder, *Aspergillus* (Phosphorlöser) und *Penicillium* (Antibiotikabildner). Unter den Ständerpilzen gibt es Zellulose- und Ligninzersetzer, speziell Verwerter von Laub.

Flechtenbesatz auf Stein

Flechten

Flechten sind Lebensgemeinschaften (Symbiosen) aus Algen oder Blaualgen und Pilzen (meist Schlauchpilzen), die in «Arbeitsteilung» Luftstickstoff und Kohlenstoff binden und sich gegenseitig zuführen. Dadurch sind sie in der Lage, blanke Felsen zu besiedeln.

BODENFAUNA – TIERISCHE BODENBEWOHNER

Den tierischen Bewohnern des Bodens kommt eine große Bedeutung zu:
Sie zerkleinern und zersetzen organisches Material, durchwühlen das Erdreich und sorgen somit für eine gute Durchmischung und Durchlüftung des Bodens.

Wimpertierchen

Mikrofauna

Zur winzigen Mikrofauna (bis 0,2 Millimeter), die nur unter dem Mikroskop erkennbar ist, zählen Einzeller, Geißeltierchen, Wurzelfüßer und Wimpertierchen. Sie leben im Bodenwasser, auch im feinsten Wasserfilm. Durch die Bildung von Dauerorganen, die Zysten, können sie Jahrzehnte überstehen. Sie leben von Bakterien, Hefen, Algen, Pilzsporen und Pilzhyphen.

Mesofauna

Die nächstgrößere Gruppe von Bodenlebewesen, die Mesofauna, ist mit einer Größe von bis zu 2 Millimetern bereits mit der Lupe zu erkennen. Dazu zählen Rädertiere, Nematoden, Hornmilben und Springschwänze.

EIN WENIG ZOOLOGISCHE SYSTEMATIK
Gliederfüßer oder Arthropoden sind mit über 1 Million Arten der artenreichste Stamm im Tierreich. Zu den Gliederfüßern zählen als Hauptgruppen Spinnentiere, Krebstiere, Tausendfüßer (auch Hundertfüßer und Doppelfüßer) und Insekten sowie die wichtigen Springschwänze.

Bodennematoden

Hornmilbe

NEMATODEN

Die 0,4 bis 2 Millimeter großen Nematoden (Fadenwürmer, Schlauchwürmer) kommen in der unvorstellbar großen Zahl von 20 bis 30 Millionen Exemplaren pro Quadratmeter vor. Sie ernähren sich von Bakterien, Algen, Einzellern und räuberisch von anderen Nematodenarten, auch von pflanzlicher Substanz, jedoch nicht von Zellulose. Nur wenige Nematodenarten sind schädlich *(siehe Seite 72)*.

MILBEN

Milben sind Spinnentiere. Sie kommen in großer Arten- und Individuenzahl im Boden vor. In Waldstreu hat man 100 000 bis 400 000 Exemplare pro Quadratmeter gefunden, auf Grünland und Ackerland weniger. Die formenreichen Hornmilben zerkleinern ebenfalls die organischen Stoffe. Sie leben vor allem in der Streuschicht oder in der Rohhumusschicht, die manchen Böden aufliegt. Sie ernähren sich hauptsächlich von Mikroorganismen und Pflanzenresten, die bereits durch Mikroben angegriffen sind. Die Bedeutung der Hornmilben für den Abbau der organischen Substanz liegt hauptsächlich in der mechanischen Zerkleinerung. Dabei vergrößert sich die Oberfläche der organischen Substanz, sodass Mikroorganismen intensiver angreifen können. Zudem vermischen sie die ausgeschiedene organische Substanz mit dem Boden. Allgemein werden Hornmilben bis zu mehrere Millimeter lang. Die in Hohlräumen im Boden lebenden Exemplare sind dagegen kleiner, bis 0,5 Millimeter groß. Eine weitere Gruppe, die Raubmilben, hat sich auf Nematoden, Springschwänze und andere Milbenarten als Nahrungsquellen spezialisiert.

pringschwänze beim Nagen

Formenreich: Springschwanz

Enchyträen

SPRINGSCHWÄNZE

Springschwänze (Collembolen) sind große Zersetzer. Sie gehören zur Klasse der Hexapoda, also der Sechsfüßer, zu der auch die Insekten gehören. Nach den Milben sind sie zahlenmäßig die zweithäufigste Gruppe. Ihren Namen tragen sie wegen der Sprunggabel am Hinterleib. Auf dem Boden lebende Arten werden bis zirka 6 Millimeter groß, sie kommen häufig in der Vermoderungsschicht von Waldböden vor. Im Boden lebende Arten werden bis 3 Millimeter groß. Je nach Klima bilden sich bis zu zwölf Generationen im Jahr.

Springschwänze ernähren sich von Pflanzenresten, Bakterien, Algen, Pilzen und Einzellern, Tierkadavern, manche auch von unzersetztem Holz. Sie skelettieren Stroh und Blätter, sobald diese angerottet sind. Ihre Bedeutung liegt hauptsächlich in der mechanischen Zerkleinerung des vorhandenen «Abfalls», nicht in der chemischen Aufschließung.

ENCHYTRÄEN

Die weißlichen Enchyträen sind bei genauem Hinschauen mit bloßem Auge zu sehen. Die 2 bis 35 Millimeter großen Tiere gehören zur Gruppe der Ringelwürmer. Enchyträen leben von Schleimüberzügen, Pollen und Kotresten. Sie verzehren auch Nematoden. Deshalb findet man sie auf abgefallenen, skelettierten Blättern und Nadeln. Sie folgen bei der Laubzersetzung den Springschwänzen und Hornmilben.

Kellerassel

Rosenkäferlarv

Makrofauna

Die Arten der Makrofauna mit Schnecken, Spinnen, Asseln, Vielfüßern und Insekten schließlich sind mit bloßem Auge zu erkennen.

ASSELN

Landasseln sind die einzigen an Land lebenden Krebstiere, die sich auch außerhalb des Wassers fortpflanzen. In Deutschland sind etwa 50 Arten heimisch, beispielsweise die schiefergraue bis gelbgraue Kellerassel (bis 20 Millimeter lang), die dunkelbraun glänzende Mauerassel (15 bis 18 Millimeter lang) und die Rollassel. Asseln besitzen einen abgeflachten, langovalen Körper, der aus Einzelsegmenten zusammengesetzt ist, jeweils mit einem breiten Rückenschild.

Sie brauchen eine feuchte Umgebung. Im Sommer sind sie nachtaktiv und verbergen sich unter Steinen, Rinde und in Laubstreu oder Kompost. Normalerweise leben sie in der Streuschicht. Nur selten graben sie sich in den Boden ein, beispielsweise zur Überwinterung. Rollasseln vertragen etwas mehr Trockenheit als andere Landasseln. Diese fressen zerfallendes pflanzliches Material, herabgefallene Blätter und Holz, aber auch Algen, Pilzhyphen, tote Insekten, Kot und Spinneneier. Zusätzlich nehmen Asseln Sand und andere mineralische Bestandteile des Bodens auf. So wie Regenwürmer scheiden sie als Kot Ton-Humus-Komplexe aus.

Die häufig vorkommenden Kellerasseln und Mauerasseln leben in der Streuschicht unter Gehölzen, im Komposthaufen, in der Nähe von Totholz, unter Rinde und Steinen und in Kellern. Die Kellerassel zerkleinert mit ihren kräftigen Mundwerkzeugen das Pflanzenmaterial und schließt es so für die weitere Zersetzung auf.

chnurfüßer

Erdläufer

TAUSENDFÜSSER

Tausendfüßer sind lang gestreckte, am oder im Boden lebende Gliederfüßer mit gleichmäßig geringeltem Körper. Jeder Körperring besitzt ein oder zwei Paar Beine. Es sind aber keine tausend Beine, sondern – je nach Art – allenfalls höchstens einige Hundert. Tausendfüßer leben meist räuberisch von kleinen Tieren oder von verwesenden Pflanzenteilen. Einige Arten nagen jedoch auch an Pflanzenteilen und können so schädlich werden. Wichtige Untergruppen sind die Hundertfüßer (Chilopoden) und die Doppelfüßer (Diplopoden). Beide Tiergruppen sind im Kompost und in Laubstreu gut aufzuspüren. Sie entwickeln sich im feuchten Milieu gut.

Räuberische **Hundertfüßer** ernähren sich von Insekten, Enchyträen und Regenwürmern. Ihr Körper ist in Segmente gegliedert, die außer am ersten und an den drei letzten Segmenten je ein Beinpaar tragen. Die Zahl der Segmente schwankt je nach Art zwischen 19 und 181. Der auffallende, gelb bis rotbraune **Erdläufer** mit flachem etwa sechs Zentimeter langem Körper ist ein solcher räuberischer Hundertfüßer, der Würmer und Enchyträen frisst.

Doppelfüßer leben hauptsächlich von Falllaub, das in Zersetzung übergeht. Sie sind in manchen Waldböden stark an der Mullbildung beteiligt. Der Name «Doppelfüßer» erklärt sich dadurch, dass fast alle Körpersegmente zwei Beinpaare tragen, je nach Art sind es insgesamt 13 bis etwa 250 Beinpaare. Bei Erkundungen der Bodenoberfläche stößt man häufig auf den **Schnurfüßer** mit den typischen zwei Beinpaaren pro Körpersegment. Er fällt durch seine dunkelbraune bis schwarze Färbung auf. Bei Gefahr rollt er sich schneckenförmig zusammen. Er ernährt sich von verrottendem Pflanzenmaterial.

Ein Tauwurm (der «Regenwurm») schiebt sich mittels Kontraktionen in eine Bodenspalte ein.

Megafauna

Zur Megafauna zählen Regenwürmer und Wirbeltiere. Regenwürmer machen den größten Biomasseanteil im Boden aus: Auf Wald- und Gründlandböden sind es 100 bis 250 Gramm pro Quadratmeter; auf Ackerland weniger, bei organischer Düngung bis etwa 100 Gramm pro Quadratmeter. Sie leben nur in neutralem bis alkalischem Substrat, nicht in Rohhumus. Bis zu 1000 Tiere pro Quadratmeter Boden wurden gezählt.

«Lange bevor der Pflug existierte, wurden die Böden regelmäßig gepflügt, und sie werden immer und fortwährend durch die Regenwürmer gepflügt. Es darf bezweifelt werden, ob es viele andere Tiere gibt, denen eine so wichtige Rolle in der Erdgeschichte zukommt wie diesen niedrig organisierten Geschöpfen.»

Charles Darwin, 1881

VOM VIELFÄLTIGEN WIRKEN DES REGENWURMS

Regenwürmer erfüllen mehrere wichtige Funktionen im Boden und in verrottender organischer Substanz:

1. Sie durchwühlen und durchmischen den Boden – innerhalb von 12 bis 15 Jahren durchwühlen sie auf Grünland die obersten 10 Zentimeter.

2. Durch ihre Verdauungstätigkeit bilden sie Dauerhumus, denn beim Durchgang durch den Darm entstehen sehr stabile Ton-Humus-Komplexe, die als Kothäufchen ausgeschieden werden.

3. Das Gewicht der Regenwurmexkremente wurde an verschieden genutzten Standorten gemessen. Dabei ergab sich für Gartenerde ein Gewicht von etwa 100 Doppelzentner pro Hektar und Jahr.

4. Sie verwerten die organische Substanz und schließen Nährstoffe auf. Regenwurmkot weist eine höhere Konzentration an Nährstoffen auf als der umgebende Boden: 5-mal mehr Nitrat, 7-mal mehr Phosphor, 11-mal mehr Kalium, 2,5-mal mehr Magnesium und doppelt so viel Kalzium.

5. Regenwürmer sind Primärzersetzer: Sie zerkleinern organische Substanz und schließen sie auf; so werden die Pflanzenteile für Mikroben zugänglich. Eichen- und Buchenblätter fressen Regenwürmer aber erst, wenn die enthaltenen Polyphenole abgebaut sind.

6. Regenwurmgänge ermöglichen Pflanzenwurzeln, leichter in den Boden einzudringen. Die Gänge sind an den Seitenwänden mit einem kittartigen Material verfestigt und sehr stabil. So können Pflanzenwurzeln durch die senkrechten Röhren tief in den Boden eindringen, bis in etwa 3 Meter Tiefe.

7. Regenwürmer vergrößern das Porenvolumen im Boden. Durch die Wühlarbeit und die Auflockerung entstehen Gänge und Höhlungen, die einen guten Wasser- und Lufthaushalt begünstigen.

Wichtige Regenwurmarten

Von etwa 39 in Deutschland vorkommenden Regenwurmarten (Lumbricidae) sind lediglich acht für Gärtner, Landwirte, Angler oder Züchter von Interesse. Die vier wichtigsten Arten sind:

TAUWURM *(Lumbricus terrestris):*

Dies ist die größte Art, landläufig der «Regenwurm». Der Tauwurm wird 12 bis 30 Zentimeter lang. Sein Körper ist weich, nach hinten abgeplattet und rotbraun pigmentiert. Das Vorderende ist stets dunkler, das Hinterende durchscheinend. Beim erwachsenen Tauwurm ist das Clitellum (der Gürtel) gut sichtbar. Der Tauwurm entwickelt sich am besten im Temperaturbereich zwischen 12 und 16 Grad Celsius; wenn die Temperatur über 28 Grad Celsius steigt, stirbt er. Er gräbt bis zu 7 Meter tiefe Gänge und lebt unterirdisch in Wiesen, Gärten und Obstkulturen. Er kann ein Alter von bis zu acht Jahren erreichen.

Der Tauwurm ist der einzige einheimische Regenwurm, der an der Erdoberfläche erscheint – nicht nur nachts, sondern auch tagsüber. Man kann ihn dabei beobachten, wie er mit seiner Mundöffnung Blätter an der Spitze packt und in seine Röhre zieht. Der Namensbestandteil «Tau» rührt übrigens daher, dass das Tier bei Feuchtigkeit besonders zahlreich an die Erdoberfläche kommt. Die olivgrün-gelblichen Kokons, aus denen die Jungen schlüpfen, sind immer in Erde eingehüllt und wohl deswegen für Fressfeinde nur schwer zu finden. Die Kokons sind etwa 6 Millimeter lang und 4 Millimeter breit; beide Kokonenden sind symmetrisch und zu Kegeln aufgetürmt.

GEMEINER REGENWURM, FELD- ODER WIESENWURM *(Allolobophora caliginosa):*

Dieser Wurm ist kleiner als der Tauwurm, er wird 5 bis 20 Zentimeter lang und ist von gräulicher Farbe. Er lebt nur unterirdisch, hauptsächlich im Wurzelbereich der Pflanzen, und wühlt hier die Erde um. Er ist zahlenmäßig häufiger als der Tauwurm.

KOMPOSTWURM *(Eisenia foetida):*

Der 4 bis 14 Zentimeter lange Wurm ist leicht an den hellen oder gelben Ringen zu erkennen, die den gesamten weichen Körper kennzeichnen. Er heißt deshalb auch Zebrawurm. Die Schwanzspitze ist meist hellgelblich gefärbt. Als weiteres Erkennungsmerkmal strömt das Tier einen unangenehmen Geruch aus. Am zoologischen Beinamen *foetida* ist diese Eigenschaft abzulesen.

ompostwürmer gibt's oft im Knäuel.

Kokons von Kompostwürmern

Der Lebensraum des Kompostwurms ist der Kompost- oder Misthaufen oder Haufen verrottender, organischer Substanz. Er ist ein Allesfresser. In normalen Gartenböden kommt er nicht vor. Er braucht und verträgt viel Wärme und fühlt sich am wohlsten bei 29 Grad Celsius, während die anderen Regenwurmarten maximal etwa 24 Grad Celsius vertragen. Die Tiere findet man zu Knäueln zusammengeballt.

Der Kompostwurm hat im Vergleich zu anderen Arten die Eigenschaft, dass er rasch wächst und in den ersten beiden Monaten jede Woche sein Gewicht verdoppelt. Nach drei Monaten ist er ausgewachsen und geschlechtsreif; er beginnt sofort mit der Kopulation, als deren Ergebnis sich Kokons bilden. Die Kokons sind 2 Millimeter lang und 2,5 Millimeter breit. Ein wichtiges Merkmal ist das stark zerfranste Hinterende. Die Kokons enthalten meist mehrere Embryonen. Die 0,5 bis 0,75 Zentimeter langen, dünnen und durchsichtigen Jungtiere schlüpfen bereits nach drei Wochen. Nach etwa 14 Tagen beginnt die Ausfärbung.

ROTWURM ODER ROTER LAUBFRESSER *(Lumbricus rubellus):*

Er ist von der Größe und vom Lebensraum her leicht mit dem Kompostwurm zu verwechseln. Im Gegensatz zu diesem ist er aber durchgehend rot gefärbt. Er lebt unmittelbar an der Erdoberfläche unter Laub. Er wird gerne als Angelwurm verwendet, da er nicht wie der Kompostwurm stinkt und zappelt.

WEITERE REGENWURMARTEN sind:

Brauner Laubfresser *(Lumbricus castaneus)*, Großer Ackerwurm *(Octolasium lacteum)*, Großer Wiesenwurm *(Allolobophora terrestris longa)*, Kleiner Wiesenwurm *(Allolobophora caliginosa)*, Kleiner Ackerwurm *(Allolobophora chlorotica)*, Köcherwurm *(Dendrobaena rubida)*.

KOMMERZIELLE REGENWURMVERMEHRUNG

Kompostwürmer *(Eisenia foetida)* haben in den USA eine gewisse kommerzielle Bedeutung als Angelköder der Sportangler. Die Würmer mit dem Fantasienamen Tennessee-Wiggler werden für diesen Zweck gezielt in Aufzuchtkästen vermehrt. Dabei fällt Kompost als «Abfall» an.

Diese Praxis der Regenwurmvermehrung wurde in den 1980er-Jahren in Europa bekannt. Hauptsächlich in Biogartenkreisen begannen viele damit, die Würmer in Behältern zu vermehren – privat für den Garten, um fruchtbare Wurmerde herzustellen, oder gewerblich, um die Würmer zu verkaufen. Die Regenwurmzüchter erhofften sich von einem «Zuchtwurm» 1500 Nachkommen im Jahr. Diese Würmer wurden dann nach Gewicht oder nach Stückzahl verkauft. Die Regenwurmzuchten sind nach und nach eingeschlafen. Doch es sieht so aus, dass die Geschichte wieder auflebt. Jedenfalls gibt es wieder Kompostwürmer nach Gewicht oder stückweise zu kaufen.

Eine Variante der Regenwurmvermehrung war und ist die sogenannte «Wurmkiste» zum Aufstellen auf dem Balkon oder im Keller. Sie lässt sich leicht selbst zusammenbauen – oder man nimmt eine vorhandene Holzkiste etwa mit den Maßen 90 × 60 × 30 Zentimeter. Es gab genaue Anleitungen zum Befüllen mit Trägersubstraten wie Pappkartons, Zeitungspapier, Laubmull, Torfmull, Strohhäcksel, Haustierdünger und zu den geeigneten Kompostiermaterialien. 500 bis 1000 Gramm *Eisenia foetida* sollte diesen Mix an Materialien in fruchtbare Komposterde umsetzen.

Mein Tipp

Normalerweise siedeln sich Kompostwürmer nach einer gewissen Zeit «von alleine» im Komposthaufen an – es ist nicht nötig, Würmer zuzusetzen. Um die Ansiedlung zu beschleunigen, genügt es, junge Kompostanlagen mit ein paar Schaufeln voll alten Komposts zu «impfen». In dem sind sicher Würmer oder Kokons vorhanden.

egenwurmhäufchen

rtrunkene Regenwürmer

Der Tauwurm bewegt sich im senkrechten Gang.

SÄUGETIERE

Auf Kulturland hat man es häufig mit Feldmäusen, Spitzmäusen (nützlich, da sie Insekten fressen), Wühlmäusen und Kaninchen zu tun. Ihr Lebensraum ist der Boden. Angst braucht man vor den Tieren kaum zu haben. Wenn Wühlmäuse im Garten ihr Unwesen treiben, sollte man versuchen, sie in geschickt aufgestellte Fallen zu locken.

Sehr lästig sind Kaninchen: Sie wühlen und graben Gänge und mümmeln frisch gepflanzte Stiefmütterchen, Nelken und Zierkohl. Das Mittel der Wahl ist, sie zu vertreiben, etwa indem man die Pflanzen mit einer Wildverbisslösung besprüht. Auch ein Versuch mit einem Buttermilch-Wasser-Gemisch lohnt (Verhältnis von 1:3 oder 1:4). Um Nadelholzrinde machen die Nager ebenfalls einen Bogen. Angelockt werden sie dagegen von Hornmehl.

SCHÄDLINGE IM BODEN

Die im oder auf dem Boden lebenden Tiere agieren nicht alle zum Vorteil der Pflanzen. Auch Schädlinge finden hier ihr Zuhause und können im Zier- und Gemüsegarten große Schäden anrichten. Im Boden sind dies vor allem die Larven von Insekten, aber auch die besonders bei Salatliebhabern äußerst unbeliebten Nacktschnecken richten ihr Unwesen an.

Abb. oben:
Todbringender Fraß von Schneckenkorn für die Spanische Wegschnecke

Abb. unten:
Nacktschneckengelege – häufig in Bodenspalten zu finden.

NACKTSCHNECKEN

Nacktschnecken bereiten in vielen Gärten Probleme, vor allem auf schweren Böden. Oft kriechen sie von Wiesenflächen oder Dauerkulturen auf Gemüsebeete. Und leider fördert auch eine Mulchdecke die Vermehrung und Ausbreitung der Kriechtiere. Im Extremfall vernichten sie fast die ganze Gemüseernte. Besonders in Jahren, in denen es viel regnet, treten sie in Massen auf.

Die schädlichen Nacktschnecken sind Bodenbewohner und kommen bei Dunkelheit und bei feuchtem Wetter an die Erdoberfläche. Die ausgewachsenen Schnecken ziehen sich häufig in Bodenspalten zurück, wo sie in dunklem, feuchtem Milieu ideale Lebensbedingungen finden. Sie legen auch ihre Eier in der obersten Bodenzone ab. Bei der herbstlichen Bodenbearbeitung stößt man häufig auf solche Gelege weißlicher Eier. Diese sollte man vernichten.

Einige Nacktschneckenarten sind auch im Herbst und Winter aktiv. Die kleine schwarze Acker-Wegschnecke beispielsweise legt ihre Eier im November/Dezember. Im Frühjahr frisst sie unterirdisch an Samen und Knollen. Am bekanntesten ist jedoch die große Spanische Wegschnecke, die allein durch ihre Größe schon viel Schaden anrichtet.

NACKTSCHNECKEN BEKÄMPFEN

Gegen Nacktschneckenbefall sollten gärtnernde Menschen also alle Register ziehen:

1. Zuwanderung erschweren oder verhindern. Dies gelingt durch das Setzen eines Schneckenzauns oder durch Umrandung der Pflanzflächen mit Splitt. Schnecken kriechen nicht so gerne über eine raue Unterlage.

2. Schnecken regelmäßig absammeln. Der Abend ist dafür die beste Zeit, weil die Tiere dann aus den Bodenspalten, in denen sie sich tagsüber verstecken, kriechen. Sie halten sich auch unter Blättern und Mulchdecken oder unter ausgelegten Brettern auf. Hier kann man sie leicht ablesen. Auch die Schneckengelege, die sich in der obersten Bodenschicht befinden, lassen sich leicht ablesen.

3. Bierfallen zum Anlocken aufstellen.

4. Schnecken mit biologischem Schneckenkorn auf der Basis von Eisen-3-Phosphat direkt bekämpfen. Es ist Köder und Gift für die Schnecken zugleich. Ein Duftstoff in den blauen Pellets lockt die Schnecken an. Die Schnecken fressen die Pellets, verziehen sich danach in Bodenritzen oder -spalten und sterben dort.

Drahtwurm, die Larve des Schnellkäfers

Häufige Ursache fürs Welken von Salat: Drahtwurmbefa

DRAHTWÜRMER

In manchen Gärten gibt es Probleme mit Drahtwürmern. Ich habe mir die Schädlinge vor vielen Jahren mit Schafmist in den Garten geholt. Noch Jahre danach treten sie vereinzelt auf. Die Lebewesen sind leicht an ihrer gelblich hellbraunen Farbe zu erkennen, außerdem fühlen sie sich hart an. Anders als der Name vermuten lässt, haben diese Lebewesen mit dem Regenwurm nichts zu tun. Drahtwürmer sind vielmehr die Larven eines Käfers, des Saat-Schnellkäfers. Er ähnelt sehr dem Maikäfer. Die Tiere bleiben sechs oder sieben Jahre im Larvenstadium; erst dann verpuppen sie sich und verwandeln sich schließlich in einen Käfer.

Schaden richten sie an, weil sie an den Wurzeln von Kulturpflanzen fressen, häufig gehen sie an Salatwurzeln. Wenn inmitten anderer Salatpflanzen ein Salatkopf plötzlich welkt, deutet das immer darauf hin, dass hier der Drahtwurm am Werk ist. Dann braucht man nur ein wenig nachzugraben und findet den Schädiger in der Nähe der abgefressenen Wurzel. Auch in Kartoffelknollen fressen sie kreisrunde, etwa 2 bis 4 Millimeter große, scharf abgegrenzte Löcher. Sie dringen sogar in die Knolle ein und höhlen sie im Extremfall von innen her aus. Wenn man schon einmal mit Drahtwürmern zu tun hatte, ist es ratsam, beim Hacken und Graben genau zu schauen und die «Würmer» gegebenenfalls herauszulesen.

KARTOFFELSCHEIBEN ALS KÖDER
Scheiben roher Kartoffeln sind ideale Köder für Drahtwürmer. Man drückt sie in den Boden und kontrolliert sie regelmäßig. Wenn Drahtwürmer vorhanden sind, sammeln diese sich an der Unterseite der Scheibe und können so samt dem Kartoffelstück entfernt werden.

laulwurfsgrille

Wühlmauslöcher

Maulwurfshügel

MAULWURFSGRILLE

Die Maulwurfsgrille oder Werre richtet mancherorts durch ihr Graben und Fressen Schaden an. Sie ist eine 35 bis 50 Millimeter große, dunkelbraune, fein behaarte Grille mit starken Vorderbeinen und Grabschaufeln. Das Weibchen legt von Mai bis Juli mehrere Hundert Eier in unterirdische Nester, die es bewacht und pflegt. Die Larven überwintern und erst nach 18 bis 30 Monaten schlüpfen dann die fertig entwickelten Grillen. Die erwachsenen Tiere bauen unregelmäßige unterirdische Gänge, die sie in der Dämmerung verlassen. Sie fressen an Wurzeln und Knollen, fangen aber auch Insekten und Würmer.

In Gärten, in denen natürliche Feinde wie Spitzmäuse oder Vögel leben, werden sich Maulwurfsgrillen kaum ausbreiten können. Vermehren sie sich trotzdem, kann man die Nester aufspüren und Speiseöl hineingießen. So ersticken Eier und Jungtiere.

WEITERE SCHÄDEN DURCH TIERE

Ärger bereiten oft die Vögel. Hauptsächlich sind es Amseln, die auf der Suche nach Regenwürmern die Erde durchwühlen und so Pflanzungen durcheinanderbringen. Manchmal hat man es auch mit Mückenlarven zu tun oder mit Wurzelläusen.

FRUCHTFOLGEKRANKHEITEN UND -SCHÄDLINGE

Tomaten- und Sellerieanbau auf der Insel Reichenau

Unter bestimmten Umständen können sich schädliche Organismen im Boden ausbreiten, etwa wenn dieselbe Kulturpflanzenart zu oft hintereinander auf einer Fläche angebaut wird. Eine typische Fruchtfolgekrankheit ist die Rettichschwärze an Rettich und Radieschen. Das Gelbwerden der Petersilie ist ebenfalls ein Fruchtfolgeschaden.

Oft sind tierische Schädlinge wie Fadenwürmer oder Älchen (Nematoden) für Fruchtfolgeschäden verantwortlich. Es gibt räuberische Nematoden, die einen wichtigen Teil der Bodenfauna bilden *(siehe Seite 58)*, aber eben auch solche, die Kulturpflanzen schädigen. Betroffen sind Obstgehölze und Rosen sowie häufig Kartoffeln und Tomaten im Gewächshaus. Die mit bloßem Auge kaum erkennbaren Fadenwürmer bohren sich in die Wurzeln junger Kartoffeln und Tomaten hinein. An den Wurzeln bilden sich daraufhin gelbliche Zysten. Die Pflanzen werden dadurch stark geschwächt und kümmern. Solche Kümmerpflanzen muss man entfernen und vernichten.

Landwirte und Gärtner wissen schon seit vielen Generationen, wie sie solchen Fruchtfolgeschäden vorbeugen: Sie bauen eine bestimmte Kulturpflanzenart erst nach einer längeren Pause wieder auf derselben Fläche an, in der Regel erst nach drei oder vier Jahren, manchmal auch nach einer längeren Pause.

PFLANZENWURZELN UND RHIZOSPHÄRE

Wurzel ist nicht gleich Wurzel. Da gibt es Grobwurzeln und Hauptwurzeln, Feinwurzeln und Wurzelhaare – und jeder Typ übernimmt seine speziellen Aufgaben. Zudem gibt es noch die Zone um die Wurzeln, sie wird Rhizosphäre genannt.

Rhizosphäre und Mykorrhiza

Die Rhizosphäre ist ein Bereich von etwa 40 Millimetern um die lebende Pflanzenwurzel. Hier spielt sich eine Unzahl von physikalischen, chemischen und biologischen Vorgängen ab. Dabei gibt es Wechselbeziehungen zwischen Pflanze und Boden und zu den Bodenorganismen. In dieser Zone leben fünf- bis fünfzigmal so viel Organismen wie in größerer Entfernung zur Wurzel. Man bezeichnet dieses Phänomen als Rhizosphäreneffekt.

Zwischen manchen Pflanzen und bestimmten Pilzen gibt es eine enge, auf wechselseitigen Nutzen ausgelegte Symbiose, bei der der Pilz in die Feinwurzeln der Pflanze eindringt. Der Pilz versorgt die Pflanze mit Wasser und Nährsalzen und erhält seinerseits von der Pflanze Nährstoffe aus der Fotosynthese. Diese Verbindung zwischen Pilz und Pflanze wird als Mykorrhiza bezeichnet. Viele Nutzpflanzen profitieren von einer speziellen Mykorrhiza, die sie beispielsweise zusätzlich mit Phosphat versorgt.

Wurzelbild des Winter-Roggens, im Schaukasten gut zu sehen.

Wurzelbild der Acker-Bohne

Steilabbruch mit freigelegten Gräserwurzel

Mechanische Verankerung und Aufschließung

Pflanzen dringen mit ihren Wurzeln mechanisch in den Boden ein, sie durchbohren und zerteilen ihn und verankern die Pflanze dort. Dabei schieben sich die Wurzelspitzen immer weiter vor. Wurzeln und Bodensubstanz sind eng miteinander verzahnt. In lockerem Boden breiten sich die Wurzeln besser aus.

Dabei dringen die Wurzeln der verschiedenen Pflanzenarten unterschiedlich tief in den Boden ein. Manche breiten sich tellerförmig unter der Bodenoberfläche aus, andere dringen metertief in den Boden ein. Getreide wurzelt intensiv und tief, ebenso Rot-Klee und besonders die Luzerne, die bis zu 6 Meter und noch tiefer vordringt. Jede Pflanzenart hat ein typisches Wurzelmuster mit mehr oder weniger ausgedehntem Wurzelwerk, mit Pfahlwurzel oder mehr büschelig ausgebildeten Wurzeln. Beim Wurzelwerk gibt es unter der Erde ebenso viele Ausprägungen wie bei Trieben und beim Blattwerk über der Erde.

Dieses Eindringen in den Boden ist weit mehr als eine Verankerung. Die Pflanzen erschließen sich so tiefere Bodenschichten, um sich dort mit Wasser und Nährstoffen zu versorgen und ihr Überleben auch unter widrigen Umständen zu sichern. Bei der Luzerne, dieser überaus wichtigen Futterpflanze, ist dies deutlich zu sehen. Sie übersteht dank ihres feinen und tief reichenden Wurzelsystems lange Trockenphasen. Die Luzerne ist zudem eine der Pflanzen, die den Boden gut «aufschließt». Indem die Wurzeln wachsen und weiter in den Boden vordringen, schaffen die Pflanzen ein Röhrensystem mit leicht verfestigten Wandungen, das zum Teil auch nach ihrem Absterben erhalten bleibt. In diesem Röhrensystem können sich dann Bodentiere wie beispielsweise Regenwürmer hervorragend bewegen.

Wurzelhaare und Nährstoffaufnahme

Pflanzen nehmen Wasser, Sauerstoff und Nährstoffe über die Wurzeln auf, genauer gesagt über die stoffwechselaktive Wachstumszone und vor allem über die Wurzelhaare. Das sind haarartige Ausstülpungen der Wurzelhaut, die bis 0,02 Millimeter dick und bis einige Millimeter lang sind. Die Pflanze besitzt viele Millionen Wurzelhaare, die sich ständig neu bilden und jeweils nach zwei bis drei Tagen wieder absterben. Die Gesamtlänge der Wurzelhaare einer einzigen Pflanze kann bis zu 50 Kilometer betragen. Auf diese Weise vergrößert die Pflanze die Oberfläche, an der sie Wasser, Sauerstoff und Mineralien aufnehmen kann, um ein Vielfaches.

Allerdings sind die Nährstoffe im Boden überwiegend nicht frei im Wasser gelöst, sondern sie liegen in Form von Ionen, also elektrisch geladenen Atomen oder Molekülen, vor und sind an Bodenpartikel gebunden. Um die Ionen abzulösen, gibt die Pflanze durch die Wurzeln ebenfalls Ionen an den Boden ab. Man spricht von Ionenaustausch.

Sind die Nährstoffe im Wasser frei gelöst, können sie in die Pflanzenzellen eindringen. Dabei dient in erster Linie die Osmose als Motor: Da die Pflanzenzelle mehr Salze enthält als der Boden, dringt Bodenwasser in Richtung der höheren Salzkonzentration in die Pflanze ein und die darin gelösten Nährstoffe werden ebenfalls mit aufgenommen. In der Pflanze kann sich das Wasser auf zwei verschiedenen Wegen bewegen: innerhalb der Zellen oder zwischen ihnen. Ziel ist in jedem Fall das Leitungssystem im Inneren der Feinwurzeln, über das Wasser und Nährsalze aus den Wurzeln in die oberirdischen Teile verteilt wird. Umgekehrt gelangen Nährstoffe, die im Zuge der Fotosynthese in den Blättern entstanden sind, über die Leitbahnen in die Wurzeln, um dort gespeichert zu werden.

/urzelwerk der Brennnessel

Wurzelwerk der Küchenzwiebel

Buschbohnenwurzeln mit Knöllchen

BODEN
UNTER-
SUCHEN

BODEN MIT EINFACHEN MITTELN SELBST UNTERSUCHEN

Der Boden lässt sich schon mit einfachsten Mitteln selbst untersuchen – ganz ohne Labor. Sie brauchen nur Ihren Seh-, Riech- und Tastsinn einzusetzen. Im Idealfall ist die Bodenkrume humusreich. Dies ist an einer dunklen Farbe leicht erkennbar.

Finger- und Rollprobe

Mit diesen einfachen Probemethoden, für die man nur die Hände braucht, lässt sich die Bodenart *(siehe Seite 28–33)* ziemlich genau bestimmen. Man nimmt dazu einfach ein walnussgroßes feuchtes Stück Erde. Dieses befühlt man entweder auf der Handfläche oder reibt es zwischen Daumen und Zeigefinger. Dabei lässt sich leicht feststellen, ob und wie der Boden formbar und bindig ist und ob er Sandkörner enthält.

Auf der Handfläche kann man die sogenannte Rollprobe machen. Dabei versucht man, den Bodenklumpen halbzentimeterdick auszurollen, etwa auf Bleistiftdicke.

Einfache Tests: Boden anschauen

... Boden rollen

... Boden reibe

Riechprobe

SANDBODEN

Die Bodenprobe haftet nicht am Finger, sie ist nicht bindig und nicht formbar. Der Sandanteil ist über 85 Prozent, die Korngröße beträgt 2,0 bis 0,063 Millimeter.

SCHLUFF

Die Bodenprobe fühlt sich samtartig-mehlig an. Sie ist nicht bindig, nur schlecht formbar, haftet aber deutlich an den Fingerrillen. Sie enthält keine oder nur sehr wenige Sandkörner. Der Schluffanteil ist über 80 Prozent, die Korngröße beträgt 0,063 bis 0,002 Millimeter.

TONBODEN

Der Boden ist bindig und klebrig. Er lässt sich wie Teig formen und ausrollen. Wenn man mit dem Finger über die Probe streicht, entstehen glänzende Reibflächen. Der Boden enthält keine Sandkörner. Der Tonanteil ist über 65 Prozent, die Korngröße beträgt weniger als 0,002 Millimeter.

LEHMIGER SAND BIS SANDIGER LEHM

Der Boden enthält viele Sandkörner. Die Probe ist etwas bindig, klebrig oder schmierig. Sie lässt sich formen und ausrollen. Sie zerbricht oder reißt jedoch, wenn man sie etwa bleistiftstark ausrollen möchte. Die Korngrößenzusammensetzung ist: Sand 55 Prozent, Schluff 30 Prozent, Ton 15 Prozent.

TONIGER LEHM BIS LEHMIGER TON

Die Bodenprobe ist bindig und klebrig. Sie enthält nur wenige Sandkörner und lässt sich gut formen. Beim Streichen entstehen schwach glänzende Reibflächen. Die Korngrößenzusammensetzung ist: Sand 20 Prozent, Schluff 35 Prozent, Ton 45 Prozent.

Schlämmprobe frisch angesetzt

... und mit schichtweise abgesetzten Bodenpartikel

Schlämm- oder Sedimentationsprobe

Dazu braucht man ein hohes Glas (Marmeladenglas, Einmachglas, Glaszylinder). Die Probe entnimmt man aus der bearbeiteten Bodenschicht, etwa aus den obersten 20 Zentimetern. Man gibt sie in das Glas, füllt mit Wasser auf und schüttelt kräftig. Dann stellt man das Glas hin und schaut zu, wie sich die Bestandteile absetzen. Da die Partikel je nach ihrer Schwere eine unterschiedliche Sinkgeschwindigkeit haben, setzen sie sich unterschiedlich schnell ab. Die relativ schweren Sandkörner sinken am schnellsten, dann die nächstgrößeren Schluffpartikel, dann Ton und zum Schluss folgen die organischen Bestandteile, der Humus. Aus der Höhe der einzelnen, unterschiedlichen Schichten kann man grob die Zusammensetzung des Bodens ablesen. Es ist jedoch keine exakte Methode.

Diagnose mit dem Spaten

Die Bodenstruktur lässt sich am besten mit der Spatendiagnose ermitteln. Hierfür gibt es einen speziellen Spaten, den Görbing-Spaten. Agrarberater und Bodenkundler nutzen ihn. Er lässt sich waagerecht auf ein speziell gefertigtes Untergestell auflegen, sodass er bequem im Stehen untersucht werden kann.

Statt des Görbing-Spatens genügt auch ein normaler Spaten mit langem, geradem Blatt. Ziel beim Benutzen des Spatens ist, einen «Bodenziegel», also ein Stück Boden, möglichst zusammenhängend herauszuheben. Dabei ist es sinnvoll, einen zweiten Spaten zu Hilfe zu nehmen. Dieser Bodenziegel bleibt auf dem Spatenblatt liegen und wird waagerecht auf eine Unterlage gelegt. So lässt er sich gut untersuchen.

patendiagnose am «Bodenziegel»

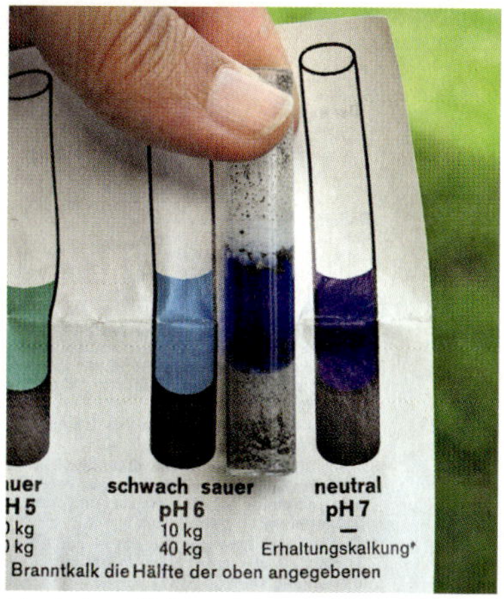

Neutraler pH-Wert

Bei guter Bodenstruktur ist der Boden krümelig und gut durchwurzelt und von Regenwurmröhren durchzogen. Bei schlechter Bodenstruktur ist er schlecht durchwurzelt, die Schollen brechen eckig auseinander. Es gibt wenige oder gar keine Regenwurmröhren, dafür undurchdringliche Schichten (Verdichtungen) und wenig Hohlräume. Im Bodenziegel kann unverrottetes Material vorliegen, grüne und blaue Farbflecken können ebenfalls vorkommen. Solche Einschlüsse können sich ungünstig auf das Pflanzenwachstum auswirken. Da ist im Einzelfall das weitere Vorgehen bei der Bodenbewirtschaftung zu überlegen.

pH-Test selber machen

Bei Laboruntersuchungen von Bodenproben wird der pH-Wert immer mit angegeben. Er lässt sich zudem leicht selbst mit einem einfachen Test anhand einer Färbereaktion ermitteln. Bodentestsets mit Röhrchen und den nötigen Reagenzien gibt es im Handel (etwa im Gartencenter) zu kaufen. Man gibt eine kleine Bodenprobe in ein Teströhrchen, fügt eine Bodentesttablette (das Reagenzmittel) und destilliertes Wasser hinzu und schüttelt: Die Lösung verfärbt sich. Beim Vergleich mit der Farbskala kann man sofort den pH-Wert des geprobten Bodens ablesen.

Im Normalfall wird man einen pH-Wert zwischen 6 und 7,2 messen. Dann muss nichts unternommen werden, also nicht gekalkt werden. Bei niedrigerem pH-Wert ist es nötig, den Boden zu kalken.

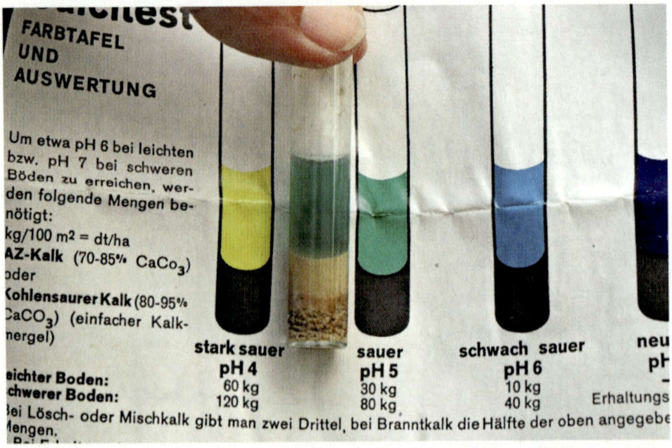

pH-Test mit Farbreaktion

DER PH-WERT DES BODENS

Das Kürzel pH steht für «potentia hydrogenii» («Konzentration des Wasserstoffs»). Gemessen wird dabei die Wasserstoff-(H+-)Ionen-Konzentration in der Bodenlösung. Der pH-Wert zeigt die Bodenreaktion auf einer Skala von 1 bis 14 an.

Am günstigsten ist es, wenn der pH-Wert um den Neutralwert 7 oder etwas darunter im schwach sauren Bereich zwischen 6 und 7 liegt. Auf solchen Böden gedeihen fast alle Kulturpflanzen gut. Bei pH-Werten unter 6 spricht man von saurem Boden, bei pH-Werten über 7 (Kulturböden haben maximal 8,5) von alkalischem Boden. Die niedrigsten pH-Werte werden in Hochmoorböden (pH 3,0) und in Podsolen (pH 2–3) gemessen. Solche Böden sind jedoch sehr selten.

Auf sauren Böden gedeihen Heidelbeeren und Rhododendren gut. Leicht saure Böden sind gut für Kartoffeln und Erdbeeren. Kohl bevorzugt dagegen leicht alkalische Bodenverhältnisse. Der pH-Wert des Bodens (die Bodenreaktion) hat für den Pflanzenbau eine zentrale Bedeutung, denn er beeinflusst die biologische Verfügbarkeit von Nährsalzen, die die Pflanzen zum Wachstum brauchen. pH-Werte über und unter dem Optimum sind ungünstig, da dann Nährstoffe wie Phosphate, Kalzium, Magnesium, Eisen und andere gebunden werden, den Pflanzen also nicht mehr zur Verfügung stehen.

Der pH-Wert schwankt übrigens mit den Jahreszeiten. Er nimmt vom Frühjahr bis zum Herbst ab und dann wieder zu. Unterschiede gibt es auch zwischen Ober- und Unterboden. Wegen der Auswaschung ist der pH-Wert im Oberboden niedriger als in tieferen Bodenschichten.

CHEMISCH-PHYSIKALISCHE UNTERSUCHUNG IM LABOR

Eine Bodenuntersuchung machen zu lassen, ist hilfreich, wenn man einen Garten übernimmt oder neu anlegt – einfach um eine Orientierung über die Grundversorgung mit Nährstoffen zu haben. Sporadische Bodenuntersuchungen bei der weiteren Gartennutzung sind ebenfalls sinnvoll. Wer will, lässt etwa alle drei Jahre untersuchen. Der beste Zeitpunkt zur Probennahme ist im Herbst nach der Ernte und bis zum Frühjahr, ungünstig ist der Zeitraum nach einer Düngung oder Kompostgabe.

Grunduntersuchung auf Nährstoffe

Bodenproben nimmt man von einer einheitlich bewirtschafteten Fläche, also von einem Gemüsebeet oder von einer Obstwiese. Normalerweise genügt der Spaten zum Entnehmen von Erdproben. Profis nehmen einen Bohrstock.

Man zieht pro 100 Quadratmeter an fünf bis zehn Stellen eine Probe (auf Gemüseland bis in 30 Zentimeter Tiefe, auf Rasen oder Wiese bis in 10 Zentimeter Tiefe). Das heißt, Sie graben einen Erdziegel aus und kratzen bis zur erforderlichen Tiefe Erde ab. Alle entnommenen Proben in einem Gefäß gut mischen. Davon 500 Gramm in einen Beutel füllen und an das Bodenuntersuchungslabor schicken. Probeentnahmesets kann man auch fertig im Gartenmarkt kaufen. Auf der Packungsbeilage finden sich weitere Tipps zur Probennahme.

Bei einer Standarduntersuchung wird auf pH-Wert, Phosphor, Kalium und Magnesium untersucht. Einige Labors untersuchen auch auf Kalzium, Kupfer, Nitrat, Zink, Bor und Eisen. Aufschlussreich ist eine zusätzliche Untersuchung auf den Nitratgehalt, also den Stickstoffgehalt. Dies ist allerdings nur im Frühjahr sinnvoll. Die Labors bieten auch zusätzliche Untersuchungen auf Humusgehalt und Spurenelemente an. Adressen finden Sie im Internet und im Anhang auf *Seite 187*.

Bodenentnahme für die Probe zum Einschicken ins Labor

WILDKRÄUTER ALS ZEIGERPFLANZEN

Erfahrene Boden- und Vegetationskundler können aus der Zusammensetzung der Unkrautflora ziemlich genau Standortfaktoren wie die Bodenbeschaffenheit ablesen, denn bestimmte Wildkräuter «zeigen» Boden- und andere Standortmerkmale an. Die Brennnessel zum Beispiel ist ein «Stickstoffzeiger», der Acker-Schachtelhalm deutet auf eine Stauschicht im Boden hin. Hirsearten zeigen einen sommerwarmen Standort an. Solche Wildkräuter heißen deshalb in der Fachsprache «Zeigerpflanzen».

Aber es kommt immer auf die Gesamtschau an. Eine Pflanze für sich allein sagt noch nicht viel aus. Erst ein gehäuftes Vorkommen charakteristisch entwickelter Exemplare einer Art lässt auf einen bestimmten Bodenzustand schließen. So lässt sich anhand einer einzelnen Brennnesselpflanze oder einer Vogelmiere – beides Stickstoffzeiger – noch nicht auf einen hohen Stickstoffgehalt im Boden schließen.

Besonders artenreich und bunt ist die Unkrautflora auf lehmigen, bindigen Kalkverwitterungsböden mit den seltenen Arten Acker-Rittersporn, Sommer-Adonisröschen, Tännelkraut oder Venuskamm. Jedem Botaniker schlägt beim Anblick dieser Arten auf einem Acker das Herz höher. Wegen ihrer Seltenheit (sie stehen auf der «Roten Liste» der geschützten Arten), aber auch ganz einfach wegen ihrer schönen Gestalt. Eine schöne Art ist auch die Acker-Lichtnelke. Viele dieser Arten sind in der Frühzeit der Ackerkultur mit den Nutzpflanzen vom Mittelmeerraum oder aus Westasien in den mitteleuropäischen Raum gelangt.

Eine besondere Flora stellt sich auch auf leichten, sandigen, leicht sauren Böden ein. Ebenso auf sumpfigen Böden oder an anderen extremen Standorten, an die die Pflanzen durch ihre Physiologie und Morphologie angepasst sein müssen, zum Beispiel Standorte mit hohem Salzgehalt, Hitze oder Trockenheit.

DIE WICHTIGSTEN STANDORTFAKTOREN

- Sonneneinstrahlung
- Temperatur
- Niederschlag
- Boden: Bodenart (sandig, lehmig, tonig), Bodenfeuchtigkeit (trocken, feucht, frisch, nass), pH-Wert 1–14 (sauer – neutral – alkalisch), Humusgehalt, Nährstoffgehalt
- Wind
- Tritt

Die Echte Kamille zeigt leichten, sandigen Boden an.

Vogelmiere

Acker-Schachtelhal

Franzosenkraut

Hühner-Hirse

Schwarzer Nachtschatte

Wildflora an besonderen Standorten

Schwere, alkalische Böden (Kalkverwitterung, Lehm)	**Leichte, meist saure, nährstoffarme Böden (Sand, lehmiger Sand)**	**Feuchte Standorte**
Acker-Rittersporn *(Delphinium consolida = Consolida regalis)*	**Kleiner Ampfer** *(Rumex acetosella)*	**Acker-Minze** *(Mentha arvensis)*
Acker-Lichtnelke *(Silene noctiflora)*	**Graukresse** *(Berteroa incana)*	**Ross-Minze** *(Mentha longifolia)*
Klatsch-Mohn *(Papaver rhoeas)*	**Frühlings-Hungerblümchen** *(Erophila verna)*	**Knöterich-Arten** (z. B. Wasserpfeffer-Knöterich, *Persicaria hydropiper*)
Feldsalat-Arten (*Valerianella*-Arten)	**Hasen-Klee** *(Trifolium arvense)*	**Sumpf-Ruhrkraut** *(Gnaphalium uliginosum)*
	Acker-Spergel *(Spergula arvensis)* und andere *Spergula*-Arten	**Sumpfkresse-Arten** (z. B. Wilde Sumpfkresse, *Rorippa sylvestris*)
	Quendelblättriges Sandkraut *(Arenaria serpyllifolia)*	**Acker-Schachtelhalm** *(Equisetum arvense)*
	Acker-Stiefmütterchen *(Viola arvensis)*	
	Gewöhnliches Stiefmütterchen *(Viola tricolor)*	
	Knorpelkraut-Arten (*Polycnemum*-Arten)	
	Filzkraut-Arten (*Filago*-Arten)	
	Bruchkraut-Arten (*Herniaria*-Arten)	

BODEN
BEARBEITEN

BODENBEARBEITUNG AUF ACKER ODER BEET

Bei der Bewirtschaftung von Äckern und Beeten spielt sich alles in der obersten fruchtbaren Krume, im Oberboden, ab. Diese etwa 20 Zentimeter dicke Bodenschicht wird mechanisch bearbeitet – gepflügt, geeggt, gefräst, gehackt. Bei Gartenböden geht die Bearbeitung oft nicht so tief wie bei Ackerland.

Die Bodenbearbeitung dient dem Zweck der Bodenlockerung. Gründüngung und Mulch sollen gemischt und eingearbeitet und das Unkraut reguliert werden. Die Vorbereitung zum Säen und Pflanzen zählt auch dazu.

Erfahrungsgemäß kommt man mit wenigen Geräten zur Bodenbearbeitung aus. Mir genügen ein Rechen, eine Doppelhacke, Grabegabel und Spaten. Dabei lege ich großen Wert auf Stiele aus Eschenholz, die gut in den Händen laufen. Zusätzlich nutze ich ein paar Handgeräte, um punktuell zu lockern oder im Staudenbeet Unkraut zu jäten. Mit dieser Grundausstattung komme ich auf meinen relativ bindigen Böden gut zurecht.

Langlebige Gartengeräte

Fast alle meine Gartengeräte setzen sich aus einem Eisenteil und einem Holzstiel zusammen. Dabei kommt es mir darauf an, dass der Stiel gut mit dem Metallteil verbunden ist. Bei Hacken ist zur stabilen Verankerung von unten ein Metallkeil in den Stiel getrieben (bei manchen Geräten finden sich am Rand Holzkeile). Das Eintreiben geschieht mit dem Rücken einer Axt.

Wenn die Holzstiele im unteren Teil nach Jahrzehnten splittern oder abbrechen, lassen sie sich leicht ersetzen. Solide gearbeitete Gartengeräte halten dagegen viel länger. So benutze ich noch einige Gartengeräte meiner Großeltern. Die sind zum Teil schon etwas abgewetzt, aber leisten immer noch gute Dienste.

Als sehr stabil und langlebig erweisen sich auch meine Grabegabel und mein Spaten aus Edelstahl. Die Grabegabel mit ihren relativ dünnen, langen und leicht gebogenen Zinken nehme ich gerne zum Mischen und Lockern des Komposts.

oppelhacke und Schlaghacke mit Eschenholzstielen

Grabegabel aus Edelstahl

BODENBEARBEITUNGSGERÄTE FÜR VERSCHIEDENE ZWECKE

1. **Zum Lockern**
   Grabegabel, Grubber, Hacke, Sauzahn

2. **Vorwiegend zum Bodenkrümeln**
   Krümler, Krail, Kultivator, Fräse und andere

3. **Zur Unkrautregulierung**
   Hacke, Ziehhacke

4. **Häufelgeräte**
   Häufler

5. **Reißende Geräte**
   Karst, Spitzhacke (Pickel)

6. **Zum Wenden**
   Spaten, Pflug

BEETE IM FRÜHJAHR VORBEREITEN

Bei der Bodenbearbeitung im Frühjahr kommt es darauf an, gute Bedingungen dafür zu schaffen, dass Samenkörner gut keimen und sich die Sämlinge zügig weiterentwickeln können. Der Boden soll in dieser Phase nicht mehr tief bearbeitet und gewendet werden, vielmehr soll die Schichtung erhalten bleiben.

Sobald der Boden abgetrocknet ist, darf das Gartenland betreten werden. In einem regenreichen Frühjahr ist es oft gar nicht so einfach, den richtigen Zeitpunkt für die Bodenbearbeitung zur Aussaat abzupassen. Manchmal sind die Bedingungen erst Mitte oder Ende April günstig. Doch das Zuwarten lohnt sich. Im gut vorbereiteten Boden holen die Saaten die Verzögerung im weiteren Wachstumsverlauf schnell ein.

1. Einebnen und krümeln

Vom Pflügen oder Umgraben im Herbst liegt das Erdreich im Frühjahr oft noch grobschollig und uneben da. Da ist es nötig, die Schollen oder Brocken zu zerkleinern, die Oberfläche einzuebnen und die Erde möglichst fein zu krümeln, sodass ein glattes, gleichmäßiges Saatbett entsteht. Es kann auch nötig sein, Reste von Gründüngungspflanzen oder Mulchmaterial sowie Steine zu entfernen.

Bei leichtem Sandboden gelingt dies leicht, bei lehmigem und tonigem Boden sind Gespür und vor allem das Abwarten des richtigen Zeitpunkts gefragt, wenn der Boden ausreichend abgetrocknet ist. Bei der Bearbeitung eines zu nassen Bodens besteht die Gefahr, dass er verschmiert und dass Stauschichten entstehen, die das weitere Pflanzenwachstum behindern. Im Optimalfall hat der Frost bereits sein Werk getan und Schollen oder große Bodenbrocken gesprengt, sodass sie über Winter im Zuge der Frostgare in kleine Bodenteile zerfallen sind. Beim weiteren Bearbeiten sollte der Boden in gleichmäßig große Bodenteile oder Krümel zerfallen.

So liegt der Boden nach dem Winter d

Mit dem Rechen das Beet feinkrümelig vorbereiten.

Die richtigen Arbeitsgeräte zum Einebnen und Krümeln sind Rechen (Harke) und Kultivator. Diese Geräte lockern und krümeln den Boden nur flach, zirka 5 bis 10 Zentimeter tief. Eine tiefere Bodenbearbeitung vor der Saat wäre nicht gut für die Keimung. Nach dem Einebnen und Krümeln ist es gut, den Boden vor dem Säen noch etwas setzen zu lassen, damit sich die Hohlräume schließen und die Saat so bessere Keimbedingungen bekommt.

GRUNDREGELN FÜR DIE SAATBETTBEREITUNG

- Nie bei nassem Boden bearbeiten
- Nicht mehr umgraben, nur 5 bis 10 Zentimeter tief bearbeiten
- Nach dem Einebnen den Boden noch etwas setzen lassen
- Samenkörner leicht anwalzen oder festdrücken, damit sie «Bodenschluss» haben

2. Rillen ziehen

Die meisten Garten- und Feldkulturen werden in Reihen gesät. Der Reihenabstand ist je nach Kulturart unterschiedlich, ebenso der Abstand in der Reihe sowie die Saattiefe. Die Daten für die jeweilige Kulturpflanzenart stehen in gemüsebaulichen Fachveröffentlichungen. In Kurzform stehen sie auch auf den Tüten der Gemüsesämereien.

Nach dem Einebnen und Krümeln folgt das Rillenziehen mit Handgeräten. Das kann ein spezieller Rillenzieher sein, mit dem Saatreihen in vorgegebenen Abständen eingezogen werden. In Gärten nimmt man eine Pflanzschnur beziehungsweise Saatschnur zu Hilfe. Entlang dieser Schnur zieht man mit dem Stielende eines Gartengerätes oder mit einem Rillenzieher eine etwa 1 bis 2 Zentimeter tiefe Rille. Für größere Samenkörner wie die der Leguminosen sollten die Rillen tiefer sein als für kleine Samenkörner.

Rillen ziehen für gleichmäßige Saaten.

Samen mit Rechenrücken festklopfe

Reihensaaten im Gemüseland

DIE SACHE MIT DEM BODENSCHLUSS

Sinn und Zweck der Saatbettbereitung ist, den Samenkörnern beziehungsweise den Sämlingen gute Startbedingungen zu ermöglichen, damit sie zügig keimen und weiterwachsen. Das gelingt, indem man ein physikalisch günstiges Bodengefüge schafft, das gerade das richtige Maß an Feuchtigkeit und Luft an die Samenkörner heranführt.

Das Lockern allein genügt nicht, gleichzeitig muss der Boden in der richtigen Tiefe wieder verfestigt werden. Das geschieht in einem Arbeitsgang mit dem Festdrücken oder Anwalzen der Samenkörner in der Saatrille, die auf diese Weise einen guten «Bodenschluss» bekommen. Nur dann haben sie guten Kontakt zu Wasser führenden Poren im Boden. Gleichzeitig muss die Erde darüber locker und krümelig sein, damit Luft an die Samenkörner gelangt. Gemüsesämereien sind besonders auf einen guten Bodenschluss angewiesen. Wenn man diese Bodenvorbereitung unterlässt, keimt die Saat unter Umständen schlecht und die Keimlinge vertrocknen.

Fahrrad zur Saat

Freunde von mir hatten eine pfiffige Idee, wie sie den Bodenschluss erreichen: Beim Möhrensäen auf einem kleinen Acker nahmen sie ein Fahrrad zu Hilfe, das sie über die Saatrillen schoben. Durch das sanfte Aufdrücken der Reifen auf den Boden wurden die Samenkörner festgedrückt.

3. Säen und andrücken

Und schließlich folgt die Aussaat selbst. Die Fertigkeit des Säens besteht darin, die Samenkörner in der richtigen Tiefe und im richtigen Abstand abzulegen. Geübte schaffen dies von Hand. Man kann auch Sähilfen nehmen, die die Samenkörner in gleichmäßigem Abstand ablegen. Noch einfacher geht es mit Saatbändern und Saatteppichen, bei denen die Samen schon im richtigen Abstand eingearbeitet sind. In größeren Gärten oder auf kleinen Äckern sind mechanische Handsämaschinen ideal, bei denen man die Abstände und die Sätiefe einstellen kann. Bei diesen erfolgt das Säen und Walzen in einem Arbeitsgang.

Wer nur wenige Beete zu versorgen hat, nimmt zum Andrücken einfach den Rechenrücken zu Hilfe und klopft die Samen in der Rille leicht an. Alternativ führt man eine spezielle Druckrolle über die Reihe. Danach wird die Reihe mit dem Rechen wieder locker zugezogen.

Kra

Die wichtigsten Gartengeräte fürs Frühjahr

RECHEN

Dieses Gerät, das in Süddeutschland und der Schweiz Rechen heißt und in Norddeutschland Harke, ist das wichtigste Gerät im Frühjahr. Es dient zum Abrechen von groben pflanzlichen Resten und von Steinen vom Beet. Und es ist ebenso dazu da, die Erde einzuebnen und zu krümeln.

KRAIL

Der regional gebräuchliche Krail geht mit seinen Zinken etwas tiefer. Er ist ein vielseitig einsetzbares klauenartiges Gerät mit rechtwinklig abgebogenen Zinken. Mit ihm kann man Klumpen zerkleinern, Boden lockern, Dünger und Kompost einarbeiten und abgestorbene Gründüngung oder Unkraut zur Seite ziehen. Er ist auch ideal zum Herausziehen von Giersch- und Queckenrhizomen.

KULTIVATOR ODER KRÜMLER

Hinter dieser Bezeichnung können sich verschiedene Geräte verbergen. Meistens handelt es sich um einen Feingrubber oder Kultivator mit drei gebogenen und gespitzten Rundstahlzinken, der den Boden flach lockert und fein krümelt. (Das gelingt nur bei genügend feuchtem Boden.) Es gibt auch Ausführungen mit drei oder fünf als Gänsefüße ausgebildeten Stahlscharen. In der Landwirtschaft werden auch Bodenfräse und Egge als Kultivator bezeichnet.

STERNFRÄSE UND GARTENWIESEL

Die Sternfräse, auch als Rollkrümler bezeichnet, ist ein spezielles Gerät zur Saatbettbereitung. Sie besteht aus mehreren sternförmigen Metallteilen, die auf einer Welle nebeneinandersitzen und sich beim Ziehen oder Schieben des Gerätes drehen. Ein Gartenwiesel besteht aus drei rotierenden Radpaaren mit jeweils zwei achtzinkigen Sternen, die kreuzweise ineinanderlaufen. Diese Doppelsterne zerkleinern die Erde scherenartig oberflächlich an den Scherstellen, während die Zinkenenden etwas tiefer in den Boden eindringen und ihn «stacheln».

GERÄTE ZUM PUNKTUELLEN ARBEITEN

Mit Hacke und Grubber lässt sich in Reihenkulturen und gegen Samenunkräuter gut arbeiten. Aber um Wurzelunkräuter und tief wurzelnde Rosettenpflanzen zu entfernen, sind andere Geräte besser geeignet. Denn mit der Hacke dringt man nicht tief genug in den Boden ein, sodass der größte Teil des tief reichenden Wurzelsystems im Boden bleibt und daraus neue Pflanzen austreiben.

Für tief wurzelnde Pflanzen bietet sich der Unkrautstecher an. Er besteht aus einem langen gerundeten Blatt, das scharf genug ist, um tief in den Boden einzudringen. Durch Vor- und Zurückbewegen des Blattes wird das Wurzelwerk oder die Pfahlwurzel gelockert. Die Pflanze kann dann samt der Wurzel herausgezogen werden. Mit dem Unkrautstecher entfernt man Rosettenpflanzen wie Löwenzahn oder Breit-Wegerich samt Pfahlwurzel sowie Unkräuter mit oberirdischen Ausläufern wie Kriechenden Hahnenfuß oder Fünf-Fingerkraut. Der Unkrautstecher ist auch hervorragend zum punktuellen Arbeiten zwischen Stauden und kleinen Ziergehölzen geeignet.

Speziell zum Entfernen von Löwenzahn und Breit-Wegerich gibt es ein raffiniertes Gerät namens «Speedy Weedy», das eine gewisse Ähnlichkeit mit einer Fahrradpumpe hat und im Stehen gehandhabt wird. Man positioniert es über der Blattrosette, drückt den unteren Teil mit drei Metallstiften senkrecht in den Boden ein und zieht mit einer leichten Drehbewegung die Rosette samt der Wurzel heraus. Anschließend wird das Unkraut durch einen Knopfdruck herausgedrückt. Es ist kaum zu glauben, aber wer dieses Gerät wiederholt einsetzt, bekommt den Garten oder zumindest den Rasen oder die Wiese frei von Löwenzahn.

Wurzelunkräuter mit Ausläufern verlangen ein anderes Vorgehen: Bei ihnen lockert man zunächst tief mit der Grabegabel und wirft dann die Erde auf, sodass die Wurzeln frei liegen und herausgelesen werden können. Auch hier ist es günstig, trockenes Wetter abzuwarten. Der Boden sollte allerdings leicht feucht und krümelig sein, damit das Gerät gut in ihn eindringen kann.

nkrautzieher mit Löwenzahn

Unkrautstecher zum Entfernen tief sitzender Kräuter

Dreierlei Schlaghacken mit verschieden großen Blätte

HACKEN UND HÄUFELN

Hacken und Häufeln sind im weiteren Verlauf des Wachstums der Kulturpflanzen die wichtigsten Anwendungen bei der Bodenbearbeitung. Zumindest in der ersten Phase des Wachstums muss man alle Säkulturen hacken, um Unkraut zu bekämpfen und um Luft in den Boden zu bringen. Dies geschieht mehrfach nach Bedarf. Vor allem nach Regengüssen, bei denen die Bodenoberfläche verschlämmt, muss gehackt werden, sobald der Boden etwas abgetrocknet ist. Nur dann kommt wieder Luft in den Boden.

Beim Hacken mit der leichten Doppelhacke oder der Schlaghacke *(siehe oben)* bewegt man sich normalerweise vorwärts entlang der Reihen. Beim Arbeiten mit der Ziehhacke oder dem Sauzahn bewegt man sich seitlich oder rückwärts.

Einige Kulturpflanzen werden zusätzlich angehäufelt, sodass um die Gewächse herum ein Damm oder eine Anhügelung entsteht. Bei Kartoffeln und bei Spargel ist dies üblich. Dafür gibt es speziell ausgeformte Häufler. Normalerweise braucht man zum Anhäufeln aber kein spezielles Gerät, es genügt eine normale Schlaghacke. Auch andere Gemüsepflanzen kann man anhäufeln, um sie standfester zu machen und um den Wurzelhals vor Schädlingsbefall zu schützen. Das wird beispielsweise bei Lauch/Porree, bei Kohlgemüse oder bei Bohnen praktiziert.

Wenn die Gemüsekulturen den Bestand geschlossen haben, ist es nicht mehr nötig zu hacken. Da würde man das Blattwerk nur unnötig beschädigen.

HACKEN SCHADET MANCHMAL

Bei Hackfrüchten und Säkulturen, also bei Möhren, Rettich, Rote Bete, Rüben, Zwiebeln sowie Kartoffeln und Kohl, geht es ohne Hacken nicht. Die Hacke sollte nah an die Kulturpflanzen herangeführt werden, ohne diese zu verletzen und sodass man nicht zu viel von Hand nacharbeiten muss. Bei anderen Kulturen wie beispielsweise Tomaten oder Beerenobststräuchern ist das Hacken jedoch eher schädlich, weil deren flach unter der Bodenoberfläche streichende Wurzeln beim Hacken beschädigt würden.

Schalotten, Rote Bete, Möhren und Zwiebeln frisch gehackt

Ideal zum Lockern und Jäten auf kleiner Fläche: «The Cape Cod Weeder»

Doppelhacke im Einsa

Handgeräte zum Lockern, Jäten und Krümeln

Hacken für jeden Bedarf

«Hacke» ist nur ein Oberbegriff. Es gibt für die verschiedenen Zwecke und für die regional sehr unterschiedlichen Böden unterschiedliche Hacken. Sie lassen sich grob in Schlaghacken und in Ziehhacken einteilen.

Üblich, vor allem bei schweren Böden, ist die Bearbeitung mit einer Schlaghacke, vor allem bei Reihenkulturen im Gemüsebau, also bei Kartoffeln, Rüben, Zwiebeln, Lauch, Kohl usw. Von der Schlaghacke gibt es mehrere regional gebräuchliche Varianten, oft als Doppelhacke ausgeformt mit einem geraden Blatt auf der einen Seite und zwei Zinken auf der anderen Seite. Für kleine Gartenflächen bieten sich leichte Hacken mit schmalem Blatt an, mit dem man auch zwischen höheren Pflanzen hacken kann. Wer mit dem Gärtnern neu beginnt, sollte ausprobieren, mit welchem Gerät am besten zu hantieren ist. Jeder hat da seine Vorlieben.

Bei Reihenkulturen auf lockeren, sandigen Böden lässt sich auch der Sauzahn einsetzen, ein grubberartiges Gerät, das hauptsächlich dazu da ist, den Boden zu lockern und als Nebeneffekt auch junge Unkräuter herausreißt und verschüttet. Für schwere Böden eignet sich der Sauzahn weniger gut, da er nicht tief genug oder gar nicht in den Boden eindringt. Die Pendelhacke hat ihr Einsatzgebiet ebenfalls bei Reihenkulturen auf leichten Böden. Im Handel sind auch neuere Spezialmodelle wie die Speedhoe-Hacke.

Zur Bearbeitung größerer Beete nimmt man Geräte mit langem Stiel, sodass man im Stehen oder allenfalls leicht vorgebeugt damit arbeiten kann. Für kleine Beetflächen, fürs Frühbeet und fürs Hochbeet eignen sich Handgeräte mit kurzem Stiel besser. Sehr empfehlenswert ist zum Beispiel ein Handgerät zum Unkrautjäten namens «The Cape Cod Weeder». Zum Lockern entlang von Saatreihen auf kleinen Beetflächen bewährt sich seit Langem der Mini-Sauzahn.

Bügelzughacke

Gartenkralle

Oberflächlich verkrusteter Boden, der gehackt werden muss

Angehäufelte Kartoffelreihen

Gemüse im Krautgarten, gut durchgehackt

löhrenernte mit der Grabegabel

Vorsichtiges Hacken entlang der Reihen

LOCKERN UND UMGRABEN

Bei der Ernte und beim Umgraben kommen andere Geräte zum Einsatz. Das wichtigste Erntegerät ist die Grabegabel oder Spatengabel. Es gibt sie aus Eisen und aus Edelstahl. Mit ihr lassen sich Wurzel- und Knollengemüse hervorragend roden.

Die Grabegabel ist auch sehr gut zum herbstlichen Umgraben geeignet. Im biologischen Gartenbau ist dieses Lockern mit der Grabegabel häufig geübte Praxis. Man bewegt dabei einfach die eingestochene Grabegabel nach vorne und hinten und lockert dabei die Erde. So bewegt man sich auf dem Beet von links nach rechts und dann rückwärts gehend noch einmal von rechts nach links. Das ist ein viel leichteres Arbeiten als das Umgraben.

Die gelockerte Fläche wird über Winter nicht mehr betreten. Sie wird allenfalls noch leicht mit Ernteabfällen oder einer dünnen Lage Blätter gemulcht, sodass die Tauwürmer auch im Winter Nahrung finden. Im Januar und Februar ist es schließlich manchmal fast frühlingshaft warm.

Abgesehen davon, dass sich der Boden mit der Grabegabel leicht lockern lässt, bietet ihr Einsatz zudem den Vorteil, dass der Boden in seiner Schichtung erhalten bleibt. Dementsprechend bleiben auch die Bodenlebewesen in ihren Schichten und können ungestört weiter aktiv sein. Beim Umgraben mit dem Spaten werden die Bodenschichten dagegen gründlich durcheinandergebracht und das Oberste zuunterst gekehrt. Im biologischen Gartenbau ist das Umgraben aus diesem Grund etwas verpönt. Aber in vielen Fällen in der Praxis erweist sich das spatentiefe Umgraben im Spätherbst als sinnvoll, insbesondere auf schweren Böden und bei starkem Unkrautbesatz.

Umgegraben wird auch, um die Bodenschollen dem Frost auszusetzen. Wenn der Frost in die Schollen eindringt, friert das Wasser in den Poren und taut wieder auf und sprengt so die Bodenpartikel. Auf diese Weise entsteht bis zum Frühjahr ein krümelig erscheinender Boden. Dies wird als Scheingare oder Frostgare bezeichnet – im Gegensatz zur Gare, die durch Lebendverbauung der Bodenpartikel entsteht.

Mit der Grabegabel wird der Boden im Herbst nur gelocker

Warum man in manchen Fällen nicht umgraben soll

Speziell im organisch-biologischen Anbau streben Landwirte und Gärtner an, den Schichtaufbau des Bodens mit seiner individuellen Bodenflora und -fauna nicht zu zerstören. Sie richten sich dabei nach Dr. Hans Peter Ruschs, einem der Begründer des organisch-biologischen Landbaus, der schrieb:

«Die Schichtenbildung ist für die Entstehung der natürlichen Fruchtbarkeit ganz unentbehrlich. Wenn man sie stört, bringt man die verschiedenen Sorten von Lebewesen durcheinander, und man bringt Substanzen in die Wurzelregion, die dort nicht hingehören, weil sie noch nicht umgebaut sind und auch von den Lebewesen der Wurzelregion nicht umgebaut werden können, sie sind wurzelschädlich und für die Pflanze giftig. Wir müssen uns also bemühen, möglichst jede tiefer gehende Bodenarbeit zu vermeiden, um die Arbeitsschichten des Bodens zu erhalten und nicht zu zerstören.»

Die Bodenbearbeitung soll also immer nur in der jeweiligen Schicht erfolgen. Das ist einfacher gesagt als getan. In der Landwirtschaft sind spezielle Geräte wie der Schichtengrubber entwickelt worden, um auf dieses Prinzip Rücksicht nehmen zu können. Im Garten bearbeitet man die oberste Schicht mit der Handhacke oder mit grubberartigen Geräten. Tiefere Schichten lockert man mit der Grabegabel. Der Spaten wird in der Regel nicht verwendet. Die Biogartenpioniere propagieren lange Zeit, den Boden nur zu lockern, nicht umzugraben.

Handspaten (Bodenschneider) im Einsatz

Schweres Gerät: der Picke

UMPFLANZEN UND PFLANZGRUBE AUSGRABEN

Im Garten ist es oftmals nötig, Stauden oder kleine Gehölze zu teilen und auszugraben. Dafür ist der Spaten ein geeignetes Werkzeug. Ich nehme für den Zweck gerne einen spitz zulaufenden Handspaten, der sehr gut auch in harten und steinigen Boden eindringt und mit dem sich Stauden gut ausheben lassen.

Zum Ausheben von Pflanzgruben genügt der Spaten bei tiefgründigem Boden normalerweise. Es gibt jedoch auch sehr steinige, felsige und verfestigte Böden, auf denen man damit nicht tief genug kommt. Zum Ausheben von tiefen und weiten Pflanzgruben ist es dann oft nötig, einen Pickel zu Hilfe zu nehmen. Mit dem kommt man unter Einsatz von Körperkraft tief in den Boden.

MOTORBETRIEBENE GERÄTE

Eine größere Fläche zu hacken oder umzugraben, ist eine mühsame Arbeit. Da bietet es sich an, Maschinen zu Hilfe zu nehmen. Der Einsatz lohnt sich bei etwas größeren Nutzgärten. An die Basismaschine lassen sich Fräsen, Kultivatoren und auch Pflüge anbauen. Solche Maschinen kann man auch ausleihen oder eventuell gemeinschaftlich nutzen.

In der Landwirtschaft wird fast die gesamte Bodenbearbeitung maschinell erledigt. Zum Glück gibt es diese Möglichkeit. Denn zum mühsamen Hacken der Feldkulturen möchte niemand zurück. Pflug, Fräse, Grubber und Egge sind die Geräte, die in der Landwirtschaft eingesetzt werden – zum Wenden, Einmischen und Einebnen beziehungsweise Krümeln.

Pflugfurche mit eingearbeiteter Gründüngung

Beim Fräsen

BODEN PFLEGEN UND VERBESSERN

Die Bodenpflege hat im biologischen Anbau eine zentrale Bedeutung. Um sie dreht sich alles – entsprechend dem Grundsatz, dass nur auf einem gesunden Boden gesunde Pflanzen wachsen können. Im biologischen Gartenbau schwingt immer das Grundprinzip mit, dass kein Flecken Erde unbedeckt sein soll – so wie auf der Wiese oder im Wald. Mit den Methoden Mulchen und Gründüngung kommen Biogärtnerinnen und Biogärtner dem Prinzip recht nahe.

Parallel dazu sollte man versuchen, den Humusgehalt zu erhöhen. Das gelingt im Laufe vieler Jahre durch organische Düngung sowie durch Gründüngung und konsequentes Mulchen. Humus ist auch die Zauberformel für die schweren Böden. Er sorgt für Ausgleich in allen Böden. Er wirkt wie ein Schwamm, speichert Wasser und Nährstoffe und gibt sie langsam wieder ab.

Strohmulch unter Erdbeere

RICHTIG MULCHEN

Mulchen bedeutet, den Boden zu bedecken. Im konsequenten Bioanbau geht es ohne Mulchen nicht – dem Boden, den Bodenlebewesen und den Pflanzen zuliebe. Mulchen mit organischem Material ist in Kombination mit Gründüngung eine der wichtigsten Methoden zur Bodenpflege. Sie ist den Vorgängen in der Natur abgeschaut. Eine Mulchdecke aus organischem Material schützt den Boden vor atmosphärischen Einflüssen und vor Austrocknen, sie nährt die Bodenlebewesen und unterdrückt Wildwuchs. Das sind die wesentlichen Effekte des Mulchens.

KLEINE GESCHICHTE DES MULCHENS

Der englische Begriff «mulch» ist erst seit wenigen Jahrzehnten als gärtnerischer Fachbegriff im deutschen Sprachraum gebräuchlich. Man kann ihn aber auch von dem alten süddeutschen Wort «mulsch» herleiten, was so viel wie «angefault» oder «weich» bedeutet. Aus den USA und aus Australien gelangte die ungewöhnliche Gartenbaumethode des Mulchens mit dicken Lagen unverrotteten organischen Materials nach Europa. Vor allem das 1984 ins Deutsche übersetzte Buch «Mulch – Gärtnern ohne Arbeit» der Amerikanerin Ruth Stout machte den Begriff in Deutschland populär. Die Mulchgärtnerin berichtet, dass sie nur noch eine Handschaufel für die Gartenarbeit brauche. Europäische Biogärtner mulchen allerdings anders.

Schutz vor Starkregen und Austrocknen

Zuallererst sorgt eine Mulchdecke für einen ausgeglichenen Feuchtigkeitshaushalt im Boden. Wasser verdunstet kaum und bleibt in der Erde, wo es den Pflanzenwurzeln zur Verfügung steht. Auf gemulchten Beeten muss man deshalb weniger gießen, was gärtnernden Menschen sehr willkommen ist.

Eine Mulchdecke schützt auch vor Starkregen. Die Kraft der Regentropfen wird durch die Mulchdecke abgemildert, der Regen sickert allmählich durch die Mulchschicht in den Boden ein. So kann es der Boden durch seine offenen Poren, sein Kapillarsystem, wie ein Schwamm aufnehmen. In Trockenphasen bleibt der Boden unter einer Mulchschicht noch lange feucht und locker. Hacken ist dann unter günstigen Umständen zumindest den Sommer über nicht mehr nötig. Ohne Mulchdecke dagegen verkrustet und verschlämmt der Boden an der Oberfläche durch Regengüsse leicht. Dann sind die Bodenporen zur Atmosphäre hin verschlossen und es sind kein Wasser- und kein Luftaustausch mehr möglich. Verkrustungen lassen sich nur durch Hacken aufbrechen.

Den positiven Effekt auf die Bodenstruktur merkt man bei der Bodenbearbeitung: Ein über Wochen und Monate gemulchter Boden bleibt feuchter und lockerer als nicht gemulchter Boden und lässt sich so noch gut bearbeiten.

Schutz und Nahrung für Bodenlebewesen

Ein ausgeglichener Feuchtigkeitshaushalt im Boden begünstigt zudem die Entwicklung und Ausbreitung der Bodenflora und -fauna. Vor allem aber ist das organische Mulchmaterial Futter für die Bodenlebewesen. Regenwürmer, Hornmilben und Co. ernähren sich davon. Sie ziehen das Material in den Boden, fressen es, verdauen es, bauen es um. Besonders gute Futterverwerter sind die Regenwürmer, die in ihrem Verdauungstrakt organische und mineralische Bodenbestandteile miteinander verkitten. Das, was sie ausscheiden, bekommen wir Menschen auf der Erdoberfläche als Regenwurmhäufchen zu sehen.

Kurzum, die Bodenlebewesen wandeln organische Substanz arbeitsteilig und allmählich in Humus um. Und einen hohen Humusgehalt streben wir im biologischen Anbau ja an. Und die Bodentiere betätigen sich noch auf andere Weise: Sie verbessern durch ihr Wühlen und Mischen die Bodenstruktur. Insofern ist das Mulchen eine zentrale Bodenpflegemethode.

Abb. oben:
Abgehackter Spinat
als Mulchdecke

Abb. unten:
Beerensträucher
profitieren besonders von
einer Mulchschicht.

Mulchfolien sind im Erwerbsgemüsebau üblich

Mulchen unterdrückt Wildwuchs

Ein weiterer Effekt des Mulchens ist, dass es durch Lichtentzug Unkraut unterdrückt. Mit dem Auslegen von Mulchmaterial zwischen Gemüsereihen lassen sich einjährige Unkräuter wie Vogelmiere und Ehrenpreis ganz gut, wenngleich nicht vollständig, unterdrücken. Den hartnäckigen Wurzelunkräutern wie Giersch oder Acker-Winde kommt man auf diese Weise jedoch kaum bei. Da sind dicke Lagen Rindenmulch und «tote Mulchmaterialien» wie Vlies und Folie, die kein Licht durchlassen, besser geeignet. Die müssen monatelang oder eventuell sogar auf Dauer aufliegen, um die Unkräuter zurückzudrängen.

Materialien zum Mulchen

Gemulcht werden kann mit vielerlei Materialien. Organisches Mulchmaterial wird manchmal als «Lebendmulch» bezeichnet. Für Gemüsebeete eignen sich leicht verrottbare Materialien wie etwa Rasenschnitt, Reste von der Gemüseernte, Rhabarberblätter, Brennnesseln, Beinwell und halb verrotteter Kompost. Zum Mulchen unter eingewachsenen Gehölzen kann man auch schwerer verrottendes Material wie Stroh, Laub, Rindenmulch und Holzhäcksel nehmen. Als «totes Mulchmaterial» bezeichnet man Vlies, Folie, Pappe und Steine.

WAS DAS MULCHEN BEWIRKT

1. Eine Mulchdecke schützt vor Verdunstung von Wasser über die Bodenoberfläche. Sie hilft also indirekt, Wasser zu sparen, und ist besonders nützlich bei lang anhaltender Trockenheit und Hitze.

2. Eine Mulchdecke nützt besonders auf leichten Böden. Auf schweren Böden wirkt sie ausgleichend.

3. Mulch schützt vor Verschlämmung und Verkrustung des Bodens. Der Luftaustausch über offene Bodenporen ist dann ungehindert möglich. Das Hacken wird dadurch unter Umständen überflüssig.

4. Organisches Mulchmaterial ist Futter für Bodenlebewesen, die es in Nährhumus und stabilen Dauerhumus umwandeln. Der Boden wird so allmählich nachhaltig fruchtbar.

5. Eine Mulchdecke unterdrückt Unkräuter, je dicker aufgebracht, desto besser.

6. Gemulchter Boden kann auch bei Nässe betreten werden. Er wird dabei nicht verdichtet – und die Schuhe bleiben sauber.

«Lebendmulch» – organische Materialien zum Mulchen

Jede Gärtnerin, jeder Gärtner handhabt das Mulchen unterschiedlich, je nach den Kulturen und den sonstigen Verhältnissen im Garten. Und selbstverständlich spielen auch die persönlichen Vorlieben mit hinein. Theoretisch ist viel möglich. Aber nicht alle Mulchmaterialien sind in jedem Garten vorhanden. Und es kommt auch auf die Kulturen an: Auf Gemüsebeeten mulcht man anders als unter Obstgehölzen oder im Ziergarten, wo die Ästhetik wichtig ist.

Abgehackter Spinat verrottet schnell.

Feine Mulchschicht ums Herbstgemüse

ABGEHACKTE GRÜNDÜNGUNG

Auf manchen Beeten wird vor dem Säen oder Pflanzen Gründüngung eingesät, entweder flächendeckend oder in Reihen. Liniensaaten mit Spinat oder Acker-Bohnen kennzeichnen zum Beispiel die Reihenmischkultur nach Gertrud Franck. Die Pflanzen werden abgehackt, bevor sie in Blüte gehen, und bleiben auf dem Boden liegen beziehungsweise werden nur ganz leicht oberflächlich in den Boden eingearbeitet. Die Gründüngung wird dann zum Mulch. Das junge Blattwerk verrottet schnell. Schon nach kurzer Zeit ist oft nichts mehr von diesem frischen Mulchmaterial zu sehen. Besonders schnell geht es bei einem Boden, der voller Regenwürmer ist. Denn die schnappen sich die Blätter und ziehen sie in ihre Gänge in den Boden hinein.

ERNTEABFÄLLE

In die Reihen zwischen das Gemüse oder um Gemüsesetzlinge herum kann man sehr gut Blätter und Schalen ablegen, die beim Ernten und Putzen von Salat, Rettich, Kohlrabi, Möhren und anderen Gemüsearten anfallen. Gröbere Blätter wie Rhabarberblätter braucht man nur etwas mit der Gartenschere zu zerkleinern.

BLATTWERK UND TRIEBE VON KRÄUTERSTAUDEN

Erfahrungsgemäß ist Mulchmaterial im Gemüsegarten immer etwas knapp. Da bietet es sich an, Mulchmaterial von anderen Stellen im Garten zu holen. Am besten von wüchsigen Brennnessel- oder Beinwellstauden *(Symphytum officinale)*, die man gezielt in Gartenecken pflanzen kann, um Mulchmaterial zu gewinnen. Die Stauden treiben nach einem Schnitt schnell wieder Triebe und Blätter nach. Die grob zerkleinerten Pflanzenteile eignen sich hervorragend zum Mulchen zwischen Gemüsereihen und zum Mulchen speziell von Tomaten oder Kohlgemüse.

ɜrasschnitt deckt den Boden ab.

Fichtenzapfen im Waldgarten

Holzhäcksel als Wegbelag

STAUDENHÄCKSEL

Wenn viel krautiges Material im Gemüsegarten und im Blumengarten anfällt, kann man es auch häckseln beziehungsweise schreddern und so als ideales Futter für Regenwurm und Co. auslegen.

RASENSCHNITT

Rasenschnitt fällt in vielen Gärten in großen Mengen an. Da bietet es sich an, ihn zum Mulchen zu verwenden, wo es nur geht. Er sollte allerdings frei von Wildkrautsamen und möglichst angewelkt sein. Wichtig ist auch, nur dünn damit zu mulchen, weil die zarten Blätter leicht zusammenbacken und dann eine undurchdringliche Schicht bilden. Rasenschnitt kann auch mit gröberem Material gemischt werden.

HOLZHÄCKSEL

Gehäckseltes aus Strauch- und Baumschnitt eignet sich zum Ausbringen unter Gehölzen oder als Wegbelag. Im Gemüsegarten sollte man es nicht verwenden, da es schwer verrottet und das Wachstum der Gemüsekulturen beeinträchtigt. Geschätzt wird Holzhäcksel vor allem deshalb, weil er Wildkräuter unterdrückt. Von Vorteil ist zudem, dass auf diese Weise im Sinne einer Kreislaufwirtschaft der Gehölzschnitt im Garten bleibt und der Stoffkreislauf einigermaßen geschlossen ist.

Rindenmulch um Stachelbeere

Strohmulch an Himbeeren und Brombeeren

RINDENMULCH

Bei diesem beliebten Mulchmaterial handelt es sich um zerkleinerte, abgesiebte und nicht fermentierte Nadelholzrinde. Rindenmulch ist ideal zum Auslegen unter Gehölzen, unter Ziersträuchern und Rosen, auch als Wegbelag. Für Gemüse- und Blumenbeete eignet sich Rindenmulch allerdings nicht, denn er enthält noch Gerbstoffe, Phenole, Harze und andere Substanzen, die den Pflanzen schaden können. Frisches Material aus dem Wald sollte man deshalb zunächst noch einige Zeit liegen lassen. Für frisch gepflanzte Stauden und Sträucher wäre es schädlich. Das Material wird 5 bis 10 Zentimeter hoch auf den Boden aufgetragen. Es unterdrückt das Unkraut sowohl durch den Lichtentzug als auch durch die pflanzenschädlichen Stoffe stark. (Bitte beachten: Im Handel sind auch stärker aufbereitete Rindenprodukte, die als Pflanzerde verwendet werden.)

STROH

Dies ist ebenfalls ein gutes organisches Material zum Mulchen, etwa zwischen Erdbeerpflanzen und unter Beerensträuchern. Das kohlenstoffreiche Stroh verrottet allerdings nur schwer und bindet bei diesem Vorgang Stickstoff. Zum Ausgleich brauchen die Kulturen stickstoffhaltigen Dünger. Zum Mulchen von Gemüsebeeten ist Stroh deshalb nicht geeignet, allenfalls für Tomaten, die ohnehin gut mit Kompost oder anderem Dünger versorgt sind. Damit Stroh bei starkem Wind nicht verweht wird, sollte man es vor dem Ausbringen befeuchten, am besten mit verdünnter Brennnesselbrühe, die verrottungsfördernden Stickstoff enthält.

Laubmulch

Sägespäne

Dekorrinde

LAUB

Auch Laub eignet sich unter bestimmten Umständen zum Mulchen, eventuell gemischt mit weichem, schnell verrottendem Material wie Rasenschnitt. Man verwendet es weniger auf den Gemüsebeeten als vielmehr auf Baumscheiben (also rund um einen Baumstamm) oder Flächen, die vorübergehend nicht gebraucht werden. Am besten mischt man verschiedene Laubarten, beispielsweise von Obstbäumen, Haselnusssträuchern und Ahorn. Das schwer verrottende Eichenlaub besser nicht nehmen.

SÄGEMEHL

In manchen Haushalten fällt Sägemehl an. Das schwer verrottbare, saure Material sollte mit anderen Materialien gemischt werden. Auch dann eignet es sich allenfalls zum Ausbringen auf Wegen oder unter säureliebenden Beerensträuchern wie Heidelbeeren.

WEITERE MULCHMATERIALIEN AUS DEM HANDEL

Die Erden- und Substrathersteller bedienen den Markt auch mit Mulchmaterial aus Quellen, die im Garten nicht zur Verfügung stehen. Die abgepackten und zum Teil von weit her transportierten Produkte sind in einem richtigen Biogarten eigentlich fehl am Platz. Aber Gartenbesitzer, die gerne aufgeräumte Beete haben wollen, werden sicher Gefallen finden an gleichmäßig aussehendem Mulchmaterial wie Schilf, Pinienrinde, Kakaoschalen oder Gartenfaser, einer Kombination aus Holzfaser, Grüngutkompost und Rindenhumus.

Mulchkragen um frisch gepflanzte Eibe

Rindenmulch über Mulchvlies

Mulchfolie mit Einlegegurke

Anorganische tote Mulchmaterialien

PAPIER UND PAPPE

Mit Zeitungspapier und Pappe mulchen – warum nicht? Mit dem Auslegen von Pappe unter Beerensträuchern lassen sich durch Lichtentzug Wurzelunkräuter wie die Acker-Winde effektiv unterdrücken. Da eine solche Pappabdeckung in aufgeräumter Gartenumgebung doch etwas ungewohnt aussieht, kann man sie mit Lagen aus Stroh oder Rindenmulch kaschieren.

PFLANZKRAGEN

Pflanzkragen aus Vlies oder Kokosfasermaterial wird manchmal mit Pflanzen mitgeliefert. Die runden Scheiben sind aufgeschlitzt und werden nach dem Pflanzen um den Baumstamm gelegt. Darunter bleibt der Boden feucht und das Unkraut kommt nicht hoch.

MULCHVLIES

Schwarzes Mulchvlies aus Polyethylen gibt es in großen Bahnen im Handel. Bei der Entscheidung darüber, welches man nimmt, muss man nach der Lichtdurchlässigkeit schauen. Die leichten Qualitäten lassen noch Licht durch. Die Unkrautunterdrückung gelingt dann nur mit einer zusätzlichen Auflage aus Rindenmulch. Schwereres Drainagevlies oder Bändchengewebe lässt kein Licht durch und braucht deshalb nicht unbedingt eine Auflage. Aus Gründen der Ästhetik wird das Gewebe jedoch häufig mit Rindenmulch kaschiert.

ändchengewebe im Gewächshaus

Unkrautunterdrückung auf großer Fläche

Auch Schotter deckt Boden ab.

ERDBEERVLIES

Dieses braun gefärbte Vlies unterdrückt Unkraut sicher und unter seiner Decke bleibt der Boden ausgeglichen feucht.

MULCHFOLIE

Im Erwerbsgemüsebau und bei Erdbeeren ist der Einsatz von Folie schon lange üblich. Die Gemüse- oder Erdbeersetzlinge werden in die kreuzweise angebrachten Schlitze gesetzt. Dieses Verfahren bietet mehrere Vorteile: Unkrautunterdrückung, rasche Bodenerwärmung unter dem dunklen Material und ausgeglichener Feuchtigkeitshaushalt im Boden, da wenig Wasser über die Bodenoberfläche verdunstet. Mulchfolien gibt es aus dem Kunststoff Polyethylen und aus biologisch abbaubaren Biokunststoffen.

STEINE, PLATTEN

Auch das Auslegen von Steinen oder Platten erfüllt einige Funktionen des Mulchens und verhindert das Austrocknen und Verschlämmen. Unter der Abdeckung bleibt der Boden feucht und locker. Steine eignen sich beispielsweise zum Belegen von Baumscheiben als Verdunstungsschutz.

SCHOTTER IN KOMBINATION MIT MULCHVLIES

Für naturverbundene Menschen wirkt diese Art und Weise der Bodenbedeckung etwas befremdlich. Da fehlt das freundliche Grün der Vegetation. Doch in Gartenanlagen, die pflegeleicht sein sollen, ist sie eine Alternative zu Plattenbelag oder gar Asphaltdecke. Die Bedeckung hält jedenfalls die Feuchtigkeit im Boden und lässt das Niederschlagswasser einsickern.

Wie dick muss ich mulchen?

Diese Frage lässt sich nicht allgemein beantworten. Es kommt auf die Umstände an, auf den Boden, auf das Mulchmaterial, aufs Wetter und aufs Klima. Bei Sandboden etwa kann man mehr auflegen als auf schweren Boden.

Wie dick gemulcht wird, hängt auch von der Jahreszeit ab. Im Frühjahr auf dem noch winterfeuchten Boden genügt eine schleierdünne Mulchschicht. Im späten Frühjahr und Sommer kann zum Schutz vor Austrocknung dicker gemulcht werden. Bei Tomaten und bei Beerensträuchern darf die Mulchschicht hoch gepackt sein. Vor allem die Waldpflanze Himbeere dankt es – wie auch andere Beerensträucher – mit gutem Ertrag, wenn die Erde um sie herum abgedeckt ist. Aber das, was pflanzenbaulich sinnvoll und optimal wäre, lässt sich nicht immer verwirklichen, weil oft nicht genügend Mulchmaterial aufzutreiben ist. Zu Beginn einer Gartenbewirtschaftung und in kleinen Gärten muss man da findig sein. Dann fängt man am besten zunächst mit Gründüngung an, die anschließend gemulcht werden kann.

Ein paar Nachteile gibt es auch

Sehr viel spricht aus pflanzenbaulicher Sicht also fürs Mulchen. Aber ein paar Nachteile gibt es auch: Unter einer Mulchschicht erwärmt sich der Boden im Frühjahr langsamer. Deshalb sollte man im Frühjahr nur schleierdünn mulchen.

Beim Mulchen mit Rasenschnitt muss man aufpassen. Meistens ist es eher ein Wiesenschnitt und da werden eben auch blühende und Früchte tragende Kräuter wie beispielsweise Gänseblümchen oder Wiesen-Schaumkraut mit abgemäht. So ist die Gefahr groß, dass man ungewollt mit Mulchmaterial Samen vieler Wildpflanzen aufs Gemüseland verschleppt. Rasenschnitt hat noch einen weiteren Nachteil: Die dicht liegenden Halme backen leicht zusammen, sodass eine undurchdringliche Schicht entsteht, die keine Luft mehr durchlässt. Da hilft nur, Rasenschnitt mit anderem Material zu mischen oder nur wenig aufzubringen und stattdessen häufiger zu mulchen.

Und der wesentliche Nachteil: Mulch lockt Schnecken an. Im feuchten, dunklen Milieu unter einer Mulchdecke fühlen sich Schnecken besonders wohl und machen sich von hier aus zu ihren Raubzügen auf. In schneckenreichen Gemüsegärten muss man die Situation beobachten und abwägen, ob man mulchen soll. Das Gesäte und Gepflanzte soll schließlich nicht den gefräßigen Tieren ganz zum Opfer fallen. Im Zweifelsfall mulcht man nur ganz dünn oder verzichtet eine Zeit lang aufs Mulchen im Gemüsegarten. Unter Beerenobst und unter Obstbäumen ist das Mulchen aber immer möglich und tut dem Boden und den Gehölzen gut.

FLÄCHENKOMPOSTIERUNG

Bei der Flächenkompostierung werden unverrottete organische Materialien zur Verrottung auf die Bodenoberfläche ausgebracht. Dies war und ist eine wichtige Methode im organisch-biologischen Land- und Gartenbau nach Müller/Rusch, der in Deutschland als Anbauverband Bioland e.V. weitergeführt wird. Die Einarbeitung der organischen Substanz erfolgt allenfalls oberflächlich in der obersten Schicht des Bodens. Das Material wird nicht tief untergearbeitet, sodass die organische Masse oder Blattmasse schnell verrottet. Das Ziel der Flächenkompostierung ist, die Bodenlebewesen zur Tätigkeit anzuregen und so den Boden «lebendiger zu machen».

ei der Flächenkompostierung bleibt das grob zerkleinerte organische Material auf der Bodenoberfläche liegen.

GRÜNDÜNGUNG – GRÜNE DECKE FÜR DEN GARTEN

Das Mulchen geschieht oft Hand in Hand mit der Gründüngung, denn Gründüngungssaaten werden nach dem Abhacken oder dem Abfrieren zur Mulchdecke. Der Begriff «Gründüngung» ist allerdings etwas irreführend. Es handelt sich dabei nicht um eine direkte Düngung. Gemeint ist vielmehr der Anbau von Pflanzen zur Begrünung und zum Bedecken des Bodens.

Landwirte und Gärtner schätzen die Phazelie als Bienenweide.

Phazelie zur Flächenbegrünung

Feines Wurzelbild der Phazelie

Was Gründüngung bewirkt

Einen düngenden Effekt hat die Gründüngung auf jeden Fall indirekt – Gründüngungspflanzen schließen mit ihrem mehr oder weniger tief reichenden Wurzelwerk den Boden gut auf, lockern ihn und sorgen für Belüftung. Dabei werden im Boden auch Nährstoffe freigesetzt, die den Kulturpflanzen zur Verfügung stehen.

Einige Gründüngungsarten aus der Familie der Schmetterlingsblütler düngen den Boden tatsächlich. Wicken, Erbsen, Acker-Bohnen, Klee und Lupinen reichern mithilfe der Knöllchenbakterien Stickstoff aus der Luft im Boden an. Dieser wichtigste Nährstoff steht dann wiederum den nachfolgenden Kulturen oder den Nachbarkulturen zur Verfügung. Der Stickstoffgewinn durch den Anbau von Leguminosen als Gründüngung wird mit 20 Gramm pro Quadratmeter beziffert. Außerdem kommt mit der Gründüngung organische Substanz in den Boden, aus der die Bodenlebewesen nach und nach Humus aufbauen können.

POSITIVE EFFEKTE DER GRÜNDÜNGUNG FÜR BODEN UND KULTURPFLANZEN

- Schutz des Bodens vor atmosphärischen Einflüssen, vor Starkregen (und dessen Folgen Erosion und Verschlämmung) und vor Austrocknen
- Ausgeglichene Verhältnisse im Boden und dadurch Schutz des Bodenlebens
- Schattengare, das heißt Bodenverbesserung durch Schatten
- Erzeugung von organischer Substanz, das dann an Ort und Stelle als Mulchmaterial verwendet wird
- Durchwurzelung des Bodens und Aufschließung bis in tiefe Bodenschichten, dadurch Verbesserung der Bodenstruktur und Nährstofffreisetzung
- Wurzelgänge ermöglichen Luft- und Wasseraustausch und werden zum Lebensraum für Regenwürmer
- Verhinderung der Nährstoffauswaschung
- Bei Leguminosen Binden von Stickstoff aus der Luft in der Pflanzenmasse
- Auflockerung der Fruchtfolge
- Vorbeugung vor Schädlingen und Krankheiten, da viele Gründüngungspflanzen Hemmstoffe (Phytonziden) ausscheiden, beispielsweise Gelb-Senf gegen Nematoden
- Unkrautunterdrückung durch dicht schließendes Blätterdach
- Bienenweide

Perser-Klee und Inkarnat-Klee in einer Gründüngungsmischung

Gründüngung in die Bepflanzung integrieren

Gründüngung kann auf verschiedene Weise in den Garten integriert werden, entweder flächendeckend auf Beeten oder Äckern oder reihenweise zwischen Kulturpflanzenreihen. Sonderformen sind Streifensaaten in Zwischenreihen von Kulturpflanzen und Untersaaten unter Gehölzen oder Kulturpflanzen.

Gründüngungspflanzen bedecken, je nach Aussaatzeit und je nach Pflanzenart, den Boden nur während der Saison bis zum Abfrieren oder sie sind ausdauernd und bedecken auch während des Winters und sogar in den Folgejahren den Boden.

- Flächendeckend mit breitwürfiger Saat zur Bodenvorbereitung, wenn ein Stück Land in Kultur genommen werden soll oder wenn eine Fläche vorübergehend nicht benötigt wird, zum Beispiel Ölrettich
- Flächendeckend mit breitwürfiger Saat zur Bienenweide, zum Beispiel Phazelie, Perser-Klee
- Flächendeckend als Nachkultur nach dem Abernten von frühen Gemüsekulturen wie Frühkartoffeln, Salaten, Erbsen, Gelb-Senf, Feldsalat, Wickroggen (Zottel-Wicke und Winter-Roggen)
- Reihensaat zwischen Gemüsereihen, zum Beispiel Spinat, Acker-Bohne
- Reihensaat für Trittwege, zum Beispiel Weiß-Klee
- Unterkultur, auf Baumscheiben unter Obstbäumen und Beerensträuchern, zum Beispiel Weiß-Klee

Gründüngung in den Boden einarbeiten

Die Gründüngungsbestände bleiben unterschiedlich lange stehen. Gründüngung, die als Vorkultur ausgesät wird, wird im Lauf des Frühjahrs und Sommers abgehackt und bleibt oberflächlich als Bodenbedeckung liegen. Gründüngung, die flächendeckend im Sommer oder Frühherbst gesät wird, friert – je nach Art – im Winter ab oder überwintert. Die Einarbeitung erfolgt dann erst im Frühjahr durch oberflächliches Einarbeiten oder Fräsen.

Einjährige Gründüngungsarten vertragen keine tiefen Fröste und frieren meistens im Winter ab. Doch bei nicht allzu tiefen Wintertemperaturen überwintern sie auch, manchmal sogar Phazelie und Gelb-Senf. Abgefrorene Gründüngung wird mit Hacke, Grubber oder Rechen oberflächlich in die Krume eingearbeitet.

Noch grüne Pflanzenteile werden abgehackt oder abgeschlegelt (abgeschlagen). Sie bleiben obenauf liegen oder werden allenfalls oberflächlich mit dem Krail oder mit der Fräse eingearbeitet, da beim Untergraben der Gründüngung Pflanzenteile sonst verfaulen könnten. Nach dem Abhacken und Einarbeiten der grünen Teile kann nicht gleich wieder eingesät oder gepflanzt werden. Die Pflanzenteile müssen zuerst verrotten.

Es empfiehlt sich, Gründüngungsbestände nicht zu alt werden zu lassen, sonst verholzen sie und verrotten nicht so gut und die Bodentiere können sie nicht so gut annagen und fressen.

Gründüngung in der Fruchtfolge

Bei der Auswahl der Gründüngungspflanzen sollte man auch die Fruchtfolge berücksichtigen. Wenn man Kohl anbaut, muss man wegen der Befallsgefahr mit Kohlhernie mit Kreuzblütlern wie Gelb-Senf und Ölrettich vorsichtig sein und sollte eher Gründüngungspflanzen aus anderen Pflanzenfamilien einsäen. Leguminosen sollte man nicht hintereinander anbauen, sondern jeweils eine Anbaupause von – je nach Art – bis zu sechs Jahren einlegen.

Die große Verbreitung der Phazelie als Gründüngungspflanze beruht auch darauf, dass sie fruchtfolgeneutral ist. Das sind auch der Buchweizen, die Sonnenblume und die Studentenblume.

Die wichtigsten Gründüngungspflanzen

Bei der Vielzahl an Gründüngungspflanzen lohnt es sich, für den jeweiligen Standort diejenigen auszusuchen, die am besten mit Klima und Boden zurechtkommen und die in die Arbeitsabläufe passen. Auch spielt es eine Rolle, ob eine größere zusammenhängende Fläche eingesät werden soll, eventuell sogar für längere Zeit, oder ob nur ein Streifen neben Gemüsereihen frei ist.

Der Preis des Saatguts ist ebenfalls von Bedeutung. Mit kleinen Portionstüten von Saatgut kommt man nicht weit – aber von den wichtigsten Gründüngungsarten Gelb-Senf, Phazelie und Spinat sind im Handel größere Gebinde erhältlich. Diese leicht zu kultivierenden Arten eignen sich auch zum Ausprobieren.

Abgefrorener Gelb-Senf

Gelb-Senf ist der Star bei den Gründüngungspflanze

elb-Senf keimt und begrünt schnell.

Schnellwüchsiger Ölrettich

Typischer Kreuzblütler: Ölrettich

Nichtleguminosen

GELB-SENF

Der Kreuzblütler Gelb-Senf *(Sinapis alba)* wächst sehr schnell. Er keimt und entwickelt sich auch bei niedrigen Temperaturen. Man sät ihn breitwürfig (flächendeckend) aus, entweder im März/April oder dann wieder ab August, als Vor- beziehungsweise Nachkultur (zirka 500 Gramm pro 100 Quadratmeter). Gelb-Senf friert normalerweise im Winter ab. Die abgestorbenen Pflanzenteile liegen dann wie ein dünner Schleier auf dem Boden. Im Frühjahr ist von dieser Gründüngung kaum noch etwas zu sehen. In einem Winter ohne lange Frostphasen kann es jedoch vorkommen, dass die Pflanzen grün bleiben und nicht abfrieren, was auch in Ordnung ist. Gelb-Senf ist eine Langtagspflanze, die bei länger werdenden Tagen schnell in Blüte geht, bevor das Blattwerk ausgebildet wird. Deshalb sind Sommersaaten bei Gelb-Senf nicht günstig.

ÖLRETTICH

Ölrettich *(Raphanus sativus)* ist ebenfalls ein Kreuzblütler. Sein weitverzweigtes Wurzelsystem mit einer Pfahlwurzel dringt bis 1,5 Meter tief in den Boden ein und schließt den Boden gut auf. Die Einsaat ist besonders bei Gartenneuanlagen empfehlenswert. Ein günstiger Aussaattermin ist im August/September. Ölrettich entwickelt sich auch noch bei tiefen Temperaturen und verträgt Frost bis minus 10 bis 12 Grad Celsius.

Spinat in Reihe

Buchweize

SPINAT

Spinat *(Spinacia oleracea)* ist nicht nur ein Gemüse, sondern gleichzeitig eine Kulturpflanze zur Bodenverbesserung. Biogärtner schätzen ihn, weil sein Wurzelwerk den Boden aufschließt und günstig auf nachfolgende Kulturen wirkt. Die Blätter werden vor der Blüte abgehackt und bleiben als Mulchdecke auf dem Boden liegen. Sie verrotten schnell oder werden von Regenwürmern und anderen Bodenorganismen in den Boden gezogen und gefressen. Für Gründüngungssaaten kauft man Saatgut in größeren Gebinden, im Handel ist meistens die Sorte 'Monnopa'.

BUCHWEIZEN

Buchweizen *(Fagopyrum esculentum)* fällt durch seine Zugehörigkeit zur Familie der Knöterichgewächse aus der Reihe. Er ist damit fruchtfolgeneutral, das heißt, er kann vor jeder gärtnerischen Kultur ausgesät werden und lockert die Fruchtfolge auf. Er wird flächendeckend ab Mitte Mai bis Juli ausgesät. Da er keine Temperaturen unter 3 Grad Celsius verträgt, eignet er sich nur für den Sommeranbau. Buchweizensaaten entwickeln sich vor allem auf leichten Böden gut.

hazelie

Winter-Roggen

PHAZELIE

Phazelie (= Büschelschön, *Phacelia tanacetifolia*) aus der Familie der Wasserblattgewächse ist ebenfalls fruchtfolgeneutral. Sie wird flächendeckend von April bis August ausgesät (zirka 500 Gramm pro 100 Quadratmeter). Mit ihrem dekorativen Blattwerk und ihren hübschen blauen Blüten wirkt sie wie eine Zierpflanze. Dass sie außerdem eine sehr gute Bienenweide ist, macht sie zusätzlich beliebt. Phazelie verträgt einige Frostgrade und bleibt im Winter lange grün. Die abgefrorenen Rückstände verrotten gut.

WINTER-ROGGEN

Ein Getreide im Garten – ja, das ist möglich. Winter-Roggen *(Secale cereale)* hat den Vorteil, dass er sehr spät im Jahr ausgesät werden kann, noch bis Mitte Oktober. Das Getreide durchwurzelt den Boden sehr gut und bedeckt ihn auch gut. Wenn das Land im darauf folgenden Frühjahr nicht gleich gebraucht wird, kann man Winter-Roggen aufwachsen lassen. So bildet er viel Grünmasse aus, die an anderer Stelle zum Mulchen genommen werden kann, außerdem unterdrückt er das Unkraut. Mit Winter-Roggen lassen sich sogar hartnäckige Wurzelunkräuter und -ungräser minimieren. Winter-Roggen wird häufig auch in Kombination mit Zottel-Wicke angebaut. Dann nutzt die Wicke die Getreidehalme als Stütze. In der Landwirtschaft ist die Gemengesaat als Wick-Roggen bekannt. Die Mischung eignet sich hauptsächlich für großflächige Saaten auf größeren Gartengrundstücken oder auf Äckern.

Acker-Bohne

Bitter-Lupir

Schmetterlingsblütler (Leguminosen)

ACKER-BOHNE

Die Acker-Bohne *(Vicia faba)* reichert wie alle Schmetterlingsblütler den Boden mit Stickstoff an. Sie verträgt Kälte und kann deshalb bereits ab Februar oder März ausgesät werden (bis August). Anders als andere Gründüngungspflanzen wird die Acker-Bohne sehr tief in 8 bis 10 Zentimeter Tiefe gesät, da sie ihre Keimblätter unterirdisch entfaltet. Sie schließt den Boden mit ihrer tief reichenden Pfahlwurzel gut auf. Man sichelt oder schneidet sie ab, bevor sie danebenstehende Kulturpflanzen überwächst. Sie steht beispielsweise gut in Mischkultur mit Kartoffeln.

LUPINE

Die blaue Bitter-Lupine *(Lupinus angustifolia)*, auch unter dem Namen Schmalblättrige Lupine bekannt, reichert wie alle Schmetterlingsblütler den Boden mit Stickstoff an. Sie wird ab April bis Mitte Juli flächendeckend ausgesät, zirka 2 bis 3 Zentimeter tief. Am besten entwickelt sie sich auf kalkhaltigen Böden. Für leichte, sandige Böden nimmt man die Gelbe oder Weiße Lupine *(Lupinus luteus* oder *Lupinus albus)*.

uzerne

Perser-Klee

Weiß-Klee

LUZERNE

Die Luzerne *(Medicago sativa)* oder der Blaue Klee, wie sie auch genannt wird, ist die Königin der Futter- und Gründüngungspflanzen. Ihre Wurzeln reichen sehr tief, bis in 2 Meter Tiefe, und verzweigen sich stark. Durch ihr tief reichendes Wurzelsystem übersteht die Luzerne auch Trockenphasen gut. In sehr trockenen Sommern steht sie oft als einzige Pflanze auf einer Wiese noch grün da. Sie gedeiht am besten auf tiefgründigem Boden.

PERSER-KLEE

Perser-Klee *(Trifolium resupinatum)* macht zur Blütezeit durch seinen honigartigen Duft auf sich aufmerksam. Er ist auch eine sehr gute Bienenweide. Die wärmebedürftige Leguminose kann bis August ausgesät werden. Sie friert im Winter ab.

WEISS-KLEE

Der Weiß-Klee *(Trifolium repens)* ist eine ausdauernde Pflanze, die mit ihren kriechenden Trieben den Boden gut abdeckt. Er ist deswegen nicht für Gemüsebeete geeignet, sondern für Dauerkulturen, beispielsweise als Unterkultur unter Beerensträuchern.

Gründüngungspflanzen für den Garten

Pflanzenart + -familie	**Aussaatzeit + Aussaatmenge je 100 m²**	**Wuchseigenschaften + Ansprüche an Boden**	**Besonderheiten**
Acker-Bohne Schmetterlingsblütler	Febr.–Anfang Aug. 1500 g	Pfahlwurzel, aber empfindlich gegen Bodenverdichtungen	für Reihensaaten in der Mischkultur, Anbau im Gemenge
Alexandriner-Klee Schmetterlingsblütler	Mai–Anfang Aug. 250–300 g	für mittelschwere bis schwere Böden	zur Begrünung größerer Flächen
Buchweizen Knöterichgewächs	April–Mitte Aug. 400–500 g	wenig Wurzelmasse, für leichte, moorige Böden	schnelle Begrünung, Feinwurzeln vor allem in oberen Bodenschichten
Futter-Erbse Schmetterlingsblütler	April–Anfang Aug. 1500–2000 g	kurze Pfahlwurzel mit kräftigen Seitenwurzeln	schnellwüchsig, rankend, gut für Gemenge
Gelb-Senf Kreuzblütler	März–Mitte Sept. 150–200 g	für mittelschwere bis schwere Böden	nicht bei Kohlherniebefall säen
Lupine, Blaue Schmetterlingsblütler	April–Mai 1000–1500 g	für fast alle, auch schwerere Böden	kräftige Pfahlwurzeln
Lupine, Gelbe Schmetterlingsblütler	April–Anfang Aug. 1500 g	für leichte Böden mit niedrigem pH-Wert	
Ölrettich Kreuzblütler	März–Anfang Sept. 180–250 g	Pfahlwurzel geht in die Tiefe, bricht Bodenverdichtungen auf	schnellwüchsig, schnelle Bodenbeschattung
Perser-Klee Schmetterlingsblütler	Mai–Anfang Aug. 180–200 g	auch für leichtere Böden	Bienenweidepflanze
Phazelie Wasserblattgewächs	April–Ende Aug. 80–120 g	für alle Standorte	Bienenweide
Spinat Gänsefußgewächs	März–Okt. 500 g	für mittelschwere bis schwere Böden	für Liniensaaten in der Mischkultur
Sommer-Wicke Schmetterlingsblütler	April–Anfang Aug. 1000–1400 g	Wurzelwerk schließt den Boden gut auf	braucht eine Stützfrucht, gut mit Ölrettich
Winter-Roggen Süßgras	Aug.–Okt. 1500 g	für alle Böden	gute Vorkultur für Wurzelgemüse
Zottel-Wicke Schmetterlingsblütler	Aug.–Anfang Sept. 1000 g	Wurzelwerk schließt den Boden gut auf	braucht eine Stützfrucht, gut mit Winter-Roggen

Unter dem dichten Blätterdach von Sommer-Wicke und Winter-Wicke kommt kaum Unkraut auf. Die Schmetterlingsblütler durchwurzeln den Boden gut und reichern zudem in Symbiose mit Knöllchenbakterien den Pflanzennährstoff Stickstoff an.

Bei der Rasenneuanlage wird der Boden mit Sand verbesse

BODENSTRUKTUR VERBESSERN

Bei der Strukturverbesserung geht es vor allem darum, den Luftaustausch und die Wasserhaltekraft beziehungsweise die Drainage des Bodens zu verbessern. Dafür kommen mineralische und organische Beimischungen zum Boden infrage. Bis zu einem gewissen Grad kann man so die negativen Seiten eines Bodens ausgleichen.

Sand lockert durch seine grobe Struktur den Boden auf.

Sand wird mit einer Gartenfräse gleichmäßig untergearbeitet.

Sand zum Untermischer

SAND

Sand ist die grobe stoffliche Variante zur Bodenverbesserung für schwere Böden. Durch Sandbeimischung erhöht sich das Porenvolumen und damit verbessert sich das Potenzial für einen guten Luft- und Wasseraustausch. Für große Flächen sind allerdings ganze Wagenladungen voll Sand nötig.

Sinnvoll erscheint dieser Aufwand vor allem bei neu anzulegenden Gärten, die schwer zu bearbeiten sind. Bei größeren Grünflächen nimmt man für diesen Zweck den günstigen ungesiebten und ungewaschenen Sand. Baustoffhändler liefern ihn direkt zur Baustelle. Die Händler bieten auch Mischungen aus Muttererde mit Sand an, die auf den oft vom Bauen verfestigten Untergrund ausgebreitet werden. Bei neuen Gartenanlagen bringt eine solche Mischung Vorteile, weil man dann gleich in dem lockeren Substrat säen und pflanzen kann, ohne sich groß um die Bodenvorbereitung und -verbesserung kümmern zu müssen.

Für nachträgliches Einarbeiten, beispielsweise in den Rasen, eignet sich gewaschener Sand. Baustoffhändler bieten ihn in verschiedenen Körnungen an. Zur Bodenverbesserung nimmt man solchen mit einer Absiebung von 0 bis 2 Millimeter Korngröße.

Sand und Granulat

STEINMEHL

Steinmehle werden im biologischen Gartenbau gerne als Mittel zur Bodenverbesserung und zur Verbesserung des Mineralhaushalts verwendet. Das staubfeine Material hat eine ähnliche Zusammensetzung wie der Nilschlamm mit seinem bekannt hohen Nährstoffgehalt.

Steinmehl ist eine langsam fließende Nährstoffquelle. Es wirkt der Bodenverdichtung entgegen und begünstigt die Bodenerwärmung. Das staubfeine Material wird entweder über den bloßen, unbewachsenen Boden ausgestreut oder dem Kompost beigegeben. Dabei rechnet man mit 100 bis 300 Gramm pro Quadratmeter und Jahr auf der Fläche, bei der Zugabe zum Kompost genügen 5 bis 7 Kilogramm pro 100 Kilogramm Kompostmaterial. Eine weitere Anwendung ist die zur Geruchsbindung bei Gülle und Jauche, auch bei pflanzlichen Jauchen.

Steinmehle zählen nicht zu den eigentlichen Düngern, da sie keinen Stickstoff enthalten und nur wenig Phosphorsäure. Man unterscheidet sie nach ihrer Entstehung und der Herkunft (Granit, Gneis, Basalt, Diabas) und nach verschiedenen Aufbereitungsformen (sand- bis mehlfein vermahlen). Die Steinmehle, die aus Granit, Gneis und Quarzporphyr aufbereitet werden, enthalten Kieselsäure in Form von Siliziumdioxid (SiO_2), aber keinen Kalk. Sie wirken leicht versauernd und sind geeignet für basische Böden.

Basisch wirkende Gesteinsmehle aus Diabas und Basalt enthalten Kalk und können als mild wirkende Kalkdünger angesehen werden. Bei ihnen liegt die Kieselsäure in Silikatform vor, die besser als das Siliziumdioxid aufschließbar ist. Ein bekanntes Handelsprodukt ist beispielsweise Biolit-Gesteinsmehl aus vulkanischem Diabasgestein. Die Gesteinsmehle sind unter verschiedenen Handelsbezeichnungen erhältlich.

TONMEHL

Tonmehle sind ebenfalls mineralstoffreich. Sie dienen eher der Bodenverbesserung als der Düngung. Tonmehl macht leichte, sandige Böden bindiger, sodass Nährstoffe und Wasser besser im Boden gespeichert werden. Ein bekanntes Tonmehl ist Bentonit. Es besteht zu 60 bis 80 Prozent aus dem Tonmineral Montmorillonit. Weitere Bestandteile sind Quarz, Glimmer, Feldspat, Pyrit und Kalk. Bentonit ist nach einem Vorkommen in der Benton-Formation in den Fort-Benton-Schiefern im US-amerikanischen Bundesstaat Wyoming benannt (das Kürzel W, das manchmal auf Bentonit-Verpackungen aufgedruckt ist, steht für Wyoming). Es gibt aber auch Bentonit-Lagerstätten auf der griechischen Insel Milos und in Bayern. Die herausragende Eigenschaft von Bentonit sind seine starke Quellfähigkeit und Wasserbindefähigkeit. Dies beruht auf der enorm großen inneren Oberfläche des wie Plättchen übereinandergeschichteten Tonminerals Montmorillonit. Im Handel wird Bentonit als «Sandbodenverbesserer» oder «Agrar-Bentonit» (auch Edasil Agrar-Bentonit) angeboten. Agrar-Bentonit ist staubfein vermahlen (daher sollte man beim Ausbringen eine Staubmaske aufsetzen). Es wird in einer Menge von 5 bis 15 Kilogramm pro 100 Quadratmeter ausgebracht – auf leichten Böden mehr, auf schweren weniger. Auf eine ganz genaue Dosierung kommt es dabei nicht an. Bentonit ist auch eine gute Beimischung zum Kompost. Hier begünstigt es besonders die Bildung von Ton-Humus-Komplexen. Bentonit wird in vielen anderen Bereichen eingesetzt, auch als Dichtungsmittel im Hoch- und Tiefbau, bei der Abwasserbehandlung, als Katzenstreu und sogar in der Kosmetik und Körperpflege.

KALK

Das in Kalkdüngemittel enthaltene Kalzium (Ca) ist einerseits ein Pflanzennährstoff, der Zellwände festigt und die Zellteilung fördert. Andererseits wirkt Kalk stark auf das Geschehen im Boden ein. Er puffert überschüssige Säuren ab und fördert die Krümelbildung. Außerdem regt er das Bodenleben an. Wie bei allen Düngemitteln kommt es auch beim Kalk auf die richtige Dosierung an. Das Kalken verlangt Fingerspitzengefühl. Welchen Kalk man nimmt und wie und wann man kalkt, hängt stark mit der Bodenart und dem pH-Wert zusammen. Bei zu starkem Aufkalken würde sich der pH-Wert erhöhen, und dadurch würden Nährstoffe festgelegt. Im biologischen Anbau nimmt man hauptsächlich die langsam wirkenden Kalkdüngemittel kohlensauren Kalk ($CaC0_3$) und Algenkalk *(siehe Seite 149)* sowie kalkhaltige Steinmehle. Generell muss man leichte und mittlere Böden öfter kalken als schwere Böden. Die staubfeinen Kalke werden im Herbst vor der Bodenbearbeitung gleichmäßig über die Erde gestreut und mit eingearbeitet. Ein ungefährer Richtwert für Kalkgaben ist 100 bis 200 Gramm pro Quadratmeter alle drei Jahre. Kalk wird im biologischen Anbau auch gerne über den Kompost gegeben.

)ünn ausgestreuter Algenkalk wird gleichmäßig eingerecht.

MUTTERERDE

Muttererde ist die humusreiche Krume der Erde. Muttererde ist auch Handelsgut und wird über den Baustoffhandel tonnenweise (oder kubikmeterweise) angeboten *(siehe Seite 166–167)*. Muttererde wird bei Gartenneuanlagen auf steinigem oder verfestigtem Untergrund gebraucht. Dabei gibt es verschiedene Qualitäten: ungesiebt, grob gesiebt oder fein gesiebt, vermischt mit Sand und andere.

PFLANZERDEN

Früher war es üblich, jeden Winter Ballen von Torf in die Gartenerde zu mischen. Das macht man heute aus Gründen des Naturschutzes nicht mehr. Stattdessen nimmt man Pflanzerden, die aus organischen Reststoffen hergestellt werden, beispielsweise aus kompostierter Rinde (Rindenhumus) oder Grüngutkompost. Diese Substrate werden dem Boden beigemischt. Er bekommt dadurch eine bessere Struktur und lässt sich besser bearbeiten. Aber normalerweise braucht man solche Produkte nicht; es gibt bessere und nachhaltigere Methoden der Bodenverbesserung. Jedoch kann es sinnvoll sein, frisch gesetzten Stauden und Gehölzen mit lockerer, humoser Pflanzerde einen guten Start zu ermöglichen.

PERLIT

Perlit wird aus vulkanischem Gestein durch Vermahlen und Erhitzen hergestellt. Das Material bläht sich dabei popcornartig auf und wird dadurch im Verhältnis zum Volumen sehr leicht. Perlit wird Erden und Substraten zur Verbesserung der Struktur und zur Förderung des Pflanzenwachstums beigemengt. In gleicher Weise wirken die Zuschlagsstoffe Zeolith, das ebenfalls vulkanischen Ursprungs ist, und das aufbereitete Tonmineral Vermiculit.

DÜNGEN UND WÄSSERN

Misthaufen wie frühe

Damit die Kulturpflanzen im Garten gesund und kräftig heranwachsen, müssen genügend Nährstoffe und Wasser vorhanden sein. Pflanzen brauchen Nährstoffe, um wachsen zu können. Ein Teil ist im Boden vorhanden. In der Regel reicht der natürliche Nährstoffvorrat der Böden jedoch nicht aus, um einen guten Ertrag zu bekommen. Deshalb düngen Gärtner und Landwirte. Die wichtigsten Nährstoffquellen und Dünger im biologisch bewirtschafteten Garten sind Kompost, Gründüngung, pflanzliche Jauchen und organische Handelsdünger, ergänzt durch mineralische Dünger wie Kalk, Steinmehl und Tonmehl.

BODENFRUCHTBARKEIT FÖRDERN

Im biologischen Anbau sagt man gerne, dass das Düngen zuerst die Bodenlebewesen fördern soll. Das Schlagwort lautet: «Düngen heißt, den Boden verlebendigen». Deshalb kommt dem Kompost und organischen Materialien so große Bedeutung zu. Durch halb verrotteten Kompost und durch Mulchmaterial werden die Regenwürmer und die vielen anderen helfenden Lebewesen im Boden gefördert. Langfristig lässt sich durch organischen Dünger der Humusgehalt im Boden erhöhen. Der Anbau von Leguminosen wie Wicken oder Erbsen und das Einbringen von Ernterückständen wirkt in die gleiche Richtung. Ein hoher Humusgehalt im Boden bedeutet meistens auch eine hohe Bodenfruchtbarkeit, bei der sich die Pflanzen optimal mit den nötigen Nährstoffen versorgen können.

Generell kann man sagen, dass sandige, leichte Böden relativ nährstoffarm sind. Lehmige, schwere Böden haben dagegen reichlich Nährstoffe gespeichert. Bei sandigen Böden muss man versuchen, die Bindefähigkeit zu erhöhen und den Humusgehalt zu steigern. Bei schweren Böden hingegen kommt es darauf an, die Nährstoffe in eine Form zu bringen, in der die Pflanzen sie aufnehmen können. Das geschieht indirekt durch die Förderung der Bodenlebewesen und durch die Art und Weise der Bearbeitung.

EIN WENIG NÄHRSTOFFTHEORIE
Wer einen Garten bewirtschaftet, sollte wissen, welche Nährstoffe die Pflanzen brauchen.
Die wichtigsten Nährstoffe (als Hauptnährstoffe bezeichnet) sind Stickstoff (N), Phosphor (P), Kalium (K), Magnesium (Mg), Kalzium (Ca) und Schwefel (S).
In etwas geringerer Konzentration brauchen die Gewächse Eisen (Fe), Mangan (Mn), Zink (Zn), Kupfer (Cu), Chlor (Cl), Bor (B), Molybdän (Mo) sowie weitere Mineralstoffe. Diese werden als Spurennährstoffe bezeichnet.

DIE WICHTIGSTEN PFLANZEN-NÄHRSTOFFE

In aller Regel sind die Gartenböden in Deutschland sehr gut mit Nährstoffen versorgt; oft herrscht sogar ein Überangebot, vor allem beim Phosphor, wie die Auswertung von Bodenanalysen zeigt. Kalium ist jedoch oft zu wenig vorhanden. Eine Bodenanalyse gibt Auskunft über die Versorgung mit den wichtigsten Mineralstoffen, mit Ausnahme des Stickstoffs. Es ist sinnvoll, eine Bodenanalyse machen zu lassen, wenn man einen Garten neu übernimmt und noch kein Gespür für den Standort entwickelt hat *(siehe Seite 83)*.

Stickstoff und Stickstoffdünger

Der wichtigste Pflanzennährstoff ist der Stickstoff (N). Er gilt als der «Motor» für das Wachstum von Pflanzen und ist unentbehrlicher Baustein für pflanzliches Eiweiß. Bei Stickstoffmangel bleiben Pflanzen klein und bringen nur einen geringen Ertrag. Ein deutliches Zeichen für Stickstoffmangel ist, wenn die ältesten Blätter einer Pflanze gelb werden. Ein Übermaß an Stickstoff zeigt sich an dunkelgrüner Färbung der Blätter und mastigem Wuchs. Der Stickstoff liegt organisch gebunden oder in mineralischer Form vor. Pflanzen nehmen ihn hauptsächlich in Form von Nitrat (NO_3) aus der Bodenlösung auf, in kleinerem Umfang auch in Form von Ammonium (NH_4).

Stickstoffverbindungen sind im Bodenhumus enthalten, ebenso in Ernteresten und Resten von Gründüngung. Durch den Anbau von Leguminosen, die mithilfe von Knöllchenbakterien den Stickstoff aus der Luft filtern, wird eine natürliche Stickstoffquelle erschlossen. Deshalb ist das Einbeziehen von Leguminosen in die Fruchtfolge so wichtig. Stickstoff wird aktiv mit organischem Wirtschaftsdünger zugeführt, vor allem mit Mist, Gülle, Jauche und Kompost. Doch diese natürlichen Stickstoffquellen reichen oft nicht aus oder sind gar nicht verfügbar, sodass auch organische Handelsdünger gegeben werden müssen, um gute Erträge zu erzielen. Organische, stickstoffhaltige Handelsdünger sind häufig Hornprodukte in verschiedenen Aufbereitungsformen (als Mehl oder Späne) sowie Zuckerrübenvinasse, Leguminosenschrot und andere.

Bei den organischen Stickstoffdüngern setzt sich der Stickstoff langsam in eine pflanzenaufnehmbare Form um. Im konventionellen Anbau werden zudem synthetisch hergestellte Stickstoffdünger eingesetzt, die sogenannten «Kunstdünger». Diese rasch wirkenden Dünger müssen dosiert gegeben werden, damit es nicht zu einer Überdüngung der Pflanzen und zu umweltschädlichem Verlust durch Auswaschung kommt.

Grünkohl braucht viele Nährstoffe, er «zehrt».

Phosphor und Phosphatdünger

Viele Böden enthalten tendenziell zu wenig Phosphor. Der ausreichenden Versorgung mit dem Pflanzennährstoff muss man deshalb besondere Beachtung schenken. Phosphor beziehungsweise Phosphat ist Baustein vieler wichtiger Verbindungen. Bei Phosphormangel ist das Wachstum gehemmt, Wurzelbildung und Bestockung sind schwach. Blüte und Reife verzögern sich. Gemüse enthält weniger Vitamine und ist weniger haltbar. Phosphormangel macht sich durch eine dunkelgrüne Färbung der älteren Blätter bemerkbar, die später beim Stängel auch ins Rötliche übergeht.

Phosphor ist in magmatischen Ablagerungen und in tierischen Überresten enthalten, beispielsweise in Knochen. Die Phosphorvorräte auf der Erde sind begrenzt; sie drohen in nicht allzu ferner Zukunft zu Ende zu gehen. Da ist sparsamer Einsatz gefragt. Auf industrieller Ebene gibt es Anstrengungen, den Rohstoff aus Abfällen zurückzugewinnen.

Rohphosphat ist für die Pflanzen nur langsam verfügbar. Es wird in der Regel für die Verwendung als Dünger physikalisch oder chemisch aufbereitet. Das geschieht entweder durch Feinvermahlung oder durch Aufschluss zu Superphosphat, zu Rhenaniaphosphat oder zu Thomasphosphat. Phosphatdünger hält zwei bis drei Jahre vor. Er muss nicht jedes Jahr gegeben werden.

Kalium und Kaliumdünger

Kalium erhöht den Quellungszustand und wirkt wassersparend. Das Alkalimetall macht Pflanzen zudem unempfindlicher gegen Dürre. Kalium verbessert den Geschmack und die Haltbarkeit von Gemüse. Auf leichten Böden und im biologischen Anbau ohne tierische Düngemittel mangelt es manchmal an diesem Nährstoff. Kaliummangel erkennt man an Braunfärbungen der Blattränder und Blattspitzen (Blattrandnekrosen). Außerdem wirken die Pflanzen schlaff («Welketracht»).

Kaliumdünger besteht aus natürlichen, im Bergbau gewonnenen Kalisalzen, bei denen lediglich Begleitstoffe abgetrennt werden. Übliche Kaliumdünger sind Kalisalz (Kaliumchlorid, KCl) in verschiedener Konzentration und Kalimagnesia (K_2SO_4), der zusätzlich Magnesiumoxid (MgO) enthält. Die Wirkung der Kaliumdüngung hält etwa zwei Jahre vor. Man muss also nicht jedes Jahr mit Kalium düngen.

Wenn Holzasche zur Verfügung steht, kann auch diese dosiert gegeben werden, entweder direkt oder über den Kompost. Auch Beinwellblätter und daraus hergestellte Jauche enthalten relativ viel Kalium.

Kalzium und Kalkdünger

Der pH-Wert des Bodens beeinflusst die biologische Verfügbarkeit von Nährsalzen. Zu niedrige pH-Werte lassen sich mit Kalk ausgleichen. Zum Kalken nimmt man üblicherweise kohlensauren Kalk oder Kalkmergel ($CaCO_3$) aus vermahlenem Kalkgestein, der auch als Gartenkalk im Handel ist (man spricht auch von «mergeln»). Im biologischen Anbau wird zudem gerne aus Rotalgen gewonnener Meeresalgenkalk ausgebracht. Er enthält außer Kalk noch einen Cocktail an Spurenelementen und organische Substanz.

Zu hohe pH-Werte, die zu hohe Kalkgehalte anzeigen, sind allerdings auch nicht günstig, da dann Nährstoffe wie Phosphate, Eisen und Spurennährstoffe festgelegt werden, den Pflanzen also nicht mehr zur Verfügung stehen.

Eisen und Eisenmagel

Relativ häufig tritt Eisenmangel auf, vor allem bei Kübelpflanzen oder bei Zierpflanzen wie Rhododendron. Eisenmangel erkennt man an einer Aufhellung zwischen den Blattadern («Chlorose»). Dieser Mangel lässt sich gut durch eisenhaltige Spurenelementdünger beheben. Im Handel sind beispielsweise spezielle Dünger für Zitruspflanzen.

Holzasche ist ein guter Kaliumdünger.

Algenkalk bringt viele Nährelemente.

Nährstoffmangel an Buchs

SAUER WIRKENDE DÜNGER – SONDERBEHANDLUNG FÜR MOORBEETPFLANZEN
Eine Sonderbehandlung brauchen die sogenannten Moorbeetpflanzen. Dazu gehören Rhododendren, Azaleen, Lavendelheide und Lorbeer-Kirsche. Auf Böden, die zu kalkhaltig sind, vergilben die Blätter sonst nach und nach, sie werden in der Fachsprache der Gärtner chlorotisch. Einen sauren Boden brauchen auch die blau blühenden Hortensien. Sie benötigen unbedingt einen chloridfreien Dünger.

DER BESONDERE MEERESALGENKALK
Meeresalgenkalk wird im biologischen Anbau häufig als Kalk- und Spurenelementdünger eingesetzt. Er ist ein weicherdiger Kalk, der aus Rotalgen *(Lithothamnium calcareum)*, die vor der französischen Atlantikküste in 30 bis 50 Meter Tiefe vorkommen, gewonnen wird. Diese Algen heißen wegen ihres roten Farbstoffs auch Korallalgen. Sobald die Rotalgen an die Luft kommen, verschwindet die Rotfärbung und verwandelt sich in ein weißliches Hellgrau. Algenkalk besteht zu 80 Prozent aus kohlensaurem Kalk, zu etwa 10 Prozent aus Magnesium und zu etwa 5 Prozent aus organischer Substanz, Aminosäuren und Eiweiß. Er enthält etwa 90 Spurenelemente und einen relativ hohen Anteil an Bor.

Fertiger Kompost bereit zum Ausbringen

Dunkler Kompost auf normalem Gartenboden

ORGANISCHE DÜNGEMITTEL FÜR DEN BIOGARTEN

Kompost

Kompost ist der wichtigste Dünger im biologischen Anbau. Er enthält eine relativ ausgewogene Mischung von Nährstoffen. «Kompost» ist zunächst nur ein Überbegriff: Er kann aus pflanzlichen Materialien oder aus tierischen Exkrementen, wie zum Beispiel Mist, entstehen oder aus einer Mischung dieser Komponenten. Kompost kann angerottet, halb verrottet oder reif sein. Je nach Reifegrad wird Kompost unterschiedlich eingesetzt. Angerottet oder halb verrottet eignet er sich gut zum Mulchen, also zum Bedecken des Bodens, zum Beispiel bei Tomaten oder Kohl. Empfindliche Gemüse wie Möhren vertragen solchen Kompost dagegen nicht. Man gibt im Gemüsegarten pro Quadratmeter und Jahr etwa einen Eimer voll reifen Kompost (zirka 10 Kilogramm) und arbeitet ihn mit der Hacke oberflächlich ein.

Pflanzliche Jauchen

Ebenfalls sehr wichtig sind pflanzliche Jauchen. Die wichtigsten Zutaten dafür sind Brennnesseln und/oder Beinwellblätter (Comfrey). Die grob zerkleinerten Pflanzen werden in Eimern oder Kübeln mit Wasser übergossen (etwa 1 Kilogramm Pflanzenmaterial auf 10 Liter Wasser). Bei warmem Wetter setzt der Vergärungsprozess schnell ein. In dieser Phase riecht die Jauche stark. Durch Überstäuben mit Steinmehl oder Tonmehl lässt sich der Geruch mildern. Nach ein bis zwei Wochen ist die Jauche fertig. Mit diesem flüssigen Dünger lässt sich Stickstoffmangel an Gemüse, Kräutern und anderen Kulturpflanzen schnell beheben. Pflanzenjauche wird immer mit Wasser im Verhältnis 1:10 verdünnt angewandt und direkt auf den Boden gegossen.
Übrigens kann man den Bodensatz der Jauche, die pflanzlichen Rückstände, ebenfalls nutzen – zum Mulchen oder als Zugabe zum Kompost.

Brennnesseljauche wirkt schnell.

Mist bereit zum Ausbringen

Tierischer Mist

Kompostierter Rindermist ist einer der besten Dünger für den Garten. Es gibt ihn leider nur noch selten, weil es kaum noch kleine Kuhhaltungen gibt. Doch wer die Gelegenheit hat, an Kuhmist zu kommen (oder an Pferde- oder Schafmist), sollte sich diesen Dünger nicht entgehen lassen. Er enthält Nährstoffe in wohl ausgewogener Mischung. Der Mist wird vorzugsweise im Herbst auf Beeten ausgebreitet, niemals untergegraben, sondern oberflächlich mit Grubber oder Krail eingearbeitet.

Rindermist ist eine langsam fließende Nährstoffquelle. Vor allem stark zehrende Gemüsearten wie Tomaten, Kohl, Lauch etc. profitieren davon. Dagegen sollte er nicht zu Schwachzehrern gegeben werden, das sind Pflanzen wie Möhren oder Zwiebeln, die nicht so viele Nährstoffe brauchen; auch Erbsen und Bohnen vertragen Rindermist schlecht.

Pferdemist ist ähnlich wie Rindermist. Er fällt oft in großen Mengen an und kann gut als Dünger für Gemüse genommen werden, auch zum Düngen und Verbessern von Grünland. Nach längerer Lagerdauer kann man auch direkt in den Mist pflanzen. Wer mit Hühnermist düngen will, sollte bedenken, dass Nährstoffe hier in hoher Konzentration vorliegen. Weil der Mist so «scharf» ist, sollte er vorsichtig dosiert werden. Der organische Handelsdünger «Guano», der von Vögeln stammt, ist dem herkömmlichen Hühnermist ganz ähnlich.

Organische Handelsdünger

Kompost steht nicht immer in ausreichender Menge und Qualität zur Verfügung, vor allem auf kleinen Grundstücken oder in neu angelegten oder neu in Besitz genommenen Gärten. Da ist es gut, wenn man auf organische Handelsdünger zugreifen kann. Anders als bei «Kunstdünger» werden bei organischen Düngern die Nährstoffe den Pflanzen erst durch die mikrobielle Zersetzung zur Verfügung gestellt.

ORGANISCHER FERTIGDÜNGER

Der Handel bietet speziell zusammengesetzte Dünger für Gemüse (sogar speziell für Tomaten), für Rosen, Gehölze oder den Rasen an. Diese unterscheiden sich im Wesentlichen im Stickstoff-, Phosphat- und Kaliumgehalt. Stickstoff fördert das allgemeine Wachstum, Rasendünger zum Beispiel sind stickstoffbetont. Phosphat fördert die Blühfähigkeit; es ist deshalb in höherem Anteil in Rosendünger enthalten oder in manchen Zimmerpflanzendüngern, die das Blühen fördern sollen. Kalium fördert die Reife und Festigkeit.

Auf den Verpackungen der Dünger sind die Zusammensetzung und das Verhältnis von Stickstoff (N), Phosphor (P_2O_5) und Kalium (K_2O) stets angegeben. Ein phosphatbetonter Rosendünger oder Staudendünger hat beispielsweise die Zusammensetzung 7-7-5; ein normaler Gartendünger hat dagegen die Zusammensetzung 7-3-6; Tomatendünger enthält viel Kalium in der Zusammensetzung 7-3-10, ebenso ist Beerendünger zusammengesetzt. Dabei stehen die Zahlen für den Anteil in Prozent.

Dreierlei Handelsdünger: organischer Mischdünger, Hornmehl und Universal-Langzeitdünger mit Schafwoll

Hornmehl

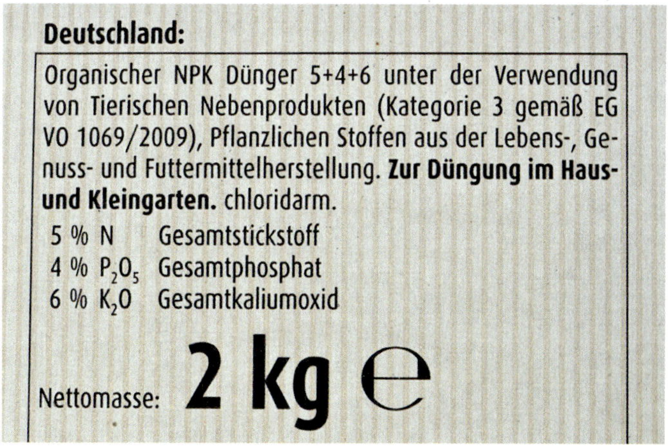

Genaue Angabe der Düngerbestandteile auf der Verpackung

Neuerdings bietet ein Düngerhersteller (Compo) Bio-Langzeitdünger mit Zusatz von Schafwolle an, gepresst zu Pellets. Die Pellets können mehr als ihr Eigengewicht an Wasser aufnehmen und sorgen so für eine allmählich fließende Wasser- und Nährstoffquelle.

HORNPRODUKTE

Hornmehl, Horngries und Hornspäne sind reich an Stickstoff. In den gröberen Produkten werden die Nährstoffe nach und nach freigesetzt. Das heißt, sie wirken nicht sofort wie die Jauchen, sondern erst mit Verzögerung, wobei auch die Temperatur eine Rolle spielt. Man gibt Hornmehl oder Horngries gezielt zu stark zehrenden Kulturen wie Tomaten oder Kohl.

VEGGIEDÜNGER

Seit einiger Zeit sind auch Dünger ohne tierische Produkte auf dem Markt, die sogenannten Veggiedünger. Ihre Bestandteile sind unter anderem Rapsschrot und Melasse von Zuckerrüben.

SO ENTSTEHT GUTER KOMPOST

Entscheidend dafür, dass aus Gartenabfällen ein hochwertiger Dünger entsteht, ist die richtige Mischung – feines und grobes, stickstoffreiches und stickstoffarmes, trockenes und feuchtes Kompostmaterial muss zusammenkommen. All dies sollte zerkleinert sein. Am besten funktioniert das Zerkleinern mit einem Häcksler. Wer einmal angefangen hat, die Gartenabfälle mithilfe des Häckslers zu zerkleinern, wird dieses Hilfsmittel nicht mehr missen wollen.

Am besten ist es, wenn man alle ein bis zwei Wochen die angefallenen organischen Abfälle häckselt und dabei verschiedenartiges Material durchlaufen lässt. Praktisch sind Häckslermodelle, bei denen es eine Einstellung für krautiges und für holziges Material gibt. So kann man auch nicht zu dicke Äste vom Baumschnitt durchlaufen lassen; die kommen aber auf einen separaten Haufen beziehungsweise werden als Bodenbelag oder zum Mulchen unter Gehölzen verwendet. Dünne, fein gehäckselte, zerfaserte Zweige können durchaus mit auf den Kompost. Der Anteil dieses holzigen Materials sollte jedoch nicht höher als 10 bis 20 Prozent betragen.

Miete oder Behälter?

Der Kompost gelingt am besten an einem leicht beschatteten Platz unter Sträuchern oder Bäumen. Ob man in einer Miete kompostiert oder in Behältern, ist Geschmackssache beziehungsweise hängt von der Größe des Gartens ab. Jedenfalls darf ein Kompostbehälter nicht zu klein sein, die Außenfläche ist sonst im Verhältnis zum Inhalt zu groß. Dann trocknet das Material schnell aus und der Kompostierprozess kommt nicht richtig in Gang. Zu groß sollten die Behälter aber auch nicht sein, weil man sonst nur noch schwer hantieren kann. Die Seitenlänge von 80 bis 100 Zentimeter bei einem viereckigen Behälter ist ideal. Sehr praktisch sind Kompostlegen aus Kunststoff, deren Seitenteile man auseinandernehmen und wieder zusammensetzen kann. Sie lassen sich fast beliebig in die Höhe bauen.

Erfahrungsgemäß braucht man zwei Mieten oder Behälter – einen zum Aufsetzen beziehungsweise Sammeln und einen zum Reifenlassen. Den Sammelbehälter füllt man nach und nach mit dem anfallenden Kompostmaterial. Günstig ist es, wenn man das frisch Gehäckselte oder Zerkleinerte mit der Grabegabel locker mit der darunterliegenden Schicht vermischt. Der Kompostierprozess setzt sich so in immer neuen Schichten nach oben hin fort.

In kleineren Gärten wird man es nicht schaffen, den Behälter auf einmal ganz zu füllen, auch wenn das wünschenswert wäre. Dann legt man das frisch Gehäckselte oder Zerkleinerte obenauf und vermischt es mithilfe der Grabegabel ein wenig mit der darunterliegenden Schicht.

Abgedeckte Kompostmieten auf größerem Gartengelände

Abgedeckte Kompostmieten

Gut zugänglicher Kompostbehälter aus Holz

Praktisches Kunststoffstecksystem

Geschlossener Komposter

Gute Kompostmischung: Rasenschnitt und Ahornlaub

Auf gute Mischung kommt es an

Ein spezielles Kompostthermometer zeigt die Temperatur an

;ehäckseltes dosiert auf Kompost bringen.

Nach wenigen Tagen setzt die Verpilzung ein.

Der Kompost muss sich erhitzen

Ziel ist, dass sich der Kompost ausreichend erhitzt. Das gelingt nur bei einem optimalen Feuchtigkeitsgrad des aufgesetzten Materials – nicht zu nass und nicht zu trocken – und bei guter Durchlüftung. Daher sollte man im Sommer den Feuchtigkeitsgehalt öfters kontrollieren und bei Trockenheit gießen. Wenn die mikrobielle Umsetzung beginnt, fängt der Kompost an zu dampfen. Das Kompostinnere erhitzt sich etwa einen Tag nach dem Aufsetzen auf über 60 Grad Celsius. Höher sollte die Temperatur nicht steigen, weil dann Nährstoffe wieder verloren gehen. Schon nach ein bis zwei Tagen sinkt die Temperatur und das Material sackt schnell in sich zusammen. Nach dieser ersten Kompostierphase besiedeln Pilze den Kompost. Danach folgen Asseln und Springschwänze und schließlich die Kompostwürmer.

Mit altem Kompost den neuen impfen

Bei einer wie oben beschriebenen Kompostierweise ist das Material unten im Behälter schon fertig, während oben der Kompostierprozess noch voll im Gang ist. Dann fängt man an, einen zweiten Behälter zu füllen. In dem kann man dann die frischen Abfälle mit den obersten, noch nicht vollständig verrotteten Lagen vom ersten Kompost mischen und so den neuen Inhalt mit dem alten impfen. Einen Kompoststarter braucht man bei funktionierenden Kompostanlagen nicht. Günstig ist es jedoch, wenn man Algenkalk (4 bis 8 Kilogramm pro Kubikmeter) beigibt. Der Zuschlag von Tonmehl/Bentonit (1 Kilogramm pro Kubikmeter) fördert die Bildung von Ton-Humus-Komplexen.

Ein Wurfsieb zum Absieben des fertigen Kompost

Materialien für den Kompost

Fast alle organischen Abfälle aus dem Garten und aus dem Haus können auf den Kompost. Von Pilzen befallene Pflanzenteile oder samentragende Unkräuter sollte man jedoch besser in die Tonne für die Grüngutabfuhr geben *(siehe Kasten).* Wenn der Kompost sich ausreichend auf über 60 Grad Celsius erhitzt, werden Pilzsporen und andere Krankheitserreger mit einiger Sicherheit abgetötet – sogar die Kraut- und Braunfäule an Tomaten. Darauf darf man sich aber nicht verlassen, denn Hausgartenkomposte erhitzen sich im Inneren ungleichmäßig und meistens nicht so hoch.

Schneller Prozess

Bei einer solchen sorgfältigen Kompostierweise ist der Kompost innerhalb weniger Monate fertig zum Ausbringen. Mit dem im Frühjahr aufgesetzten Material kann man im Hochsommer meistens schon mulchen oder es oberflächlich in den Boden einarbeiten. In diesem jungen Zustand ist der Kompost ein Dünger und ein Bodenverbesserungsmittel noch dazu. Alter, lange gelagerter Kompost ist demgegenüber stickstoffärmer, milder und kann auch Blumenerde beigemischt werden.

Kompost-Rundsieb

Siebrückstände zum Impfen nehmen.

Feine fertige Komposterde

RICHTIGE KOMPONENTEN FÜR DEN KOMPOST
Zum Kompostieren eignen sich
(jeweils in nicht zu hohem Anteil):

- Wildkräuter aus dem Garten, unbedingt vor der Samenreife, sonst wird der Kompost zur ständigen Quelle für Wildkräuter auf den Beeten
- Rasenschnitt in nicht zu großen Mengen und gut untergemischt
- organische Abfälle aus der Küche wie Reste vom Gemüseputzen, Kaffeesatz mit Filter, Teebeutel, Zitrusschalen, zerstoßene Eierschalen
- Laub in nicht zu großen Mengen und gut untergemischt
- Staudenstängel und dünne Äste, möglichst gehäckselt
- geringe Mengen Holzasche
- Zeitungspapier und Pappe (günstig zum Aufsaugen von Feuchtigkeit in der Küche und auch auf dem Kompost)

Nicht auf den Kompost sollten:

- gekochte Gemüseabfälle
- Fleischabfälle
- Brotreste
- Hochglanzpapier

WASSERSPAREND GÄRTNERN

Bodenart und Wasserhaltefähigkeit

Wie man mit dem Wasser im Garten umgeht, hängt ganz wesentlich von der Bodenart ab. Es gibt Sandboden, Lehmboden, Tonboden und viele Zwischenstufen, je nach der Zusammensetzung aus Stein beziehungsweise Kies, Sand, Schluff, Tonmineralien und Humusbestandteilen. Auf Sandböden versickert das Wasser ziemlich schnell; sie können nur wenig Wasser in ihren Hohlräumen speichern. Lehmböden nehmen mehr Wasser auf und geben es dosiert wieder ab. In den feinen Poren der Tonböden bleibt das Wasser lange haften.

Am besten ist es, wenn ein Boden aus verschiedenen Bestandteilen zusammengesetzt ist. Dann gibt es verschieden große Hohlräume, sodass einerseits überschüssiges Wasser gut abfließen kann und andererseits in den feineren Poren ausreichend Wasser zurückbleibt, das die Pflanzenwurzeln aufsaugen können. Ziel ist es in jedem Fall, für einen ausgeglichenen Feuchtigkeitshaushalt im Boden zu sorgen.

Hacken hilft Wasser sparen

Es gibt ein altes Gärtnersprichwort. Demnach bewirkt einmal hacken so viel wie einmal gießen. Das Hacken ist auch im biologisch bewirtschafteten Garten ungemein wichtig, vor allem dann, wenn nicht oder wenig gemulcht wird. Hacken spart tatsächlich Wasser. Nach einem Regen muss der Boden an der Oberfläche bearbeitet werden, dann werden die «Wasserleitungsbahnen» im Boden, die Kapillaren, unterbrochen. Das Wasser bleibt im Boden und verdunstet nicht so schnell. Nur die gelockerte oberste Schicht trocknet aus, die Schicht darunter bleibt feucht. Es ist übrigens sinnvoll, vor dem Mulchen zu hacken.

Demonstration von wassersparendem Mulchen in einem Schaugarten

Durch Regen verkrusteter Boden muss gehackt werden, damit Luft in den Boden kommt und Wasser nicht so schnell verdunstet.

Angießen mit feiner Tülle, sodass der Boden nicht verschlemmt

Grundregeln beim Wässern mit der Gießkanne

Trotz wassersparendem Mulchen und Hacken muss in aller Regel doch irgendwann einmal gewässert werden. Beim Gießen gelten drei wichtige Grundregeln:

Wie oft? Lieber alle zwei bis drei Tage viel gießen – etwa eine Gießkanne voll pro Quadratmeter – als jeden Tag nur oberflächlich. Wer mit der Gießkanne gießt, kann die Wassermenge pro Quadratmeter gut abschätzen; beim Spritzen mit dem Schlauch überschätzt man dagegen oft die ausgebrachte Wassermenge. Das oberflächliche Benetzen der Pflanzen schadet ihnen eher, als dass es nutzt. Nur oberflächlich ausgebrachtes Wasser verdunstet sofort wieder.

Wann? Nie in der Mittagshitze bei prallem Sonnenschein gießen, sondern morgens oder abends. Bei sehr großer Hitze im Hochsommer morgens und abends gießen, und zwar möglichst so, dass die Feuchtigkeit bis zur Nacht wieder abtrocknet.

Wie? Möglichst nicht über die Pflanzen gießen, sondern direkt in den Wurzelbereich. So verdunstet weniger Wasser und die Gefahr, dass sich durch das Benetzen mit Wasser Pilzkrankheiten ausbreiten, ist geringer.

Ich selbst nehme zum Gießen immer noch die gute alte Gießkanne und schöpfe das Wasser aus einer Wassertonne, in der es sich erwärmen kann.

Bewässerungssysteme

Komfortabler sind Bewässerungssysteme. Auf die Technik dafür will ich hier nicht eingehen, aber auf das Prinzip. Wichtig ist, dass das Wasser über Tropfer oder Tropfschläuche direkt in den Wurzelbereich gelangt, sodass nur wenig Wasser oberflächlich verdunstet. Bewässerungsschläuche kann man auch waagerecht in der Erde verlegen. Im einfachsten Fall sind es gelbe Dränageschläuche mit weitem Durchmesser. Deren Ende lässt man etwas nach oben stehen, sodass man Wasser hinein gießen kann. Das Wasser verteilt sich im Schlauch und sickert durch die Löcher in den Wurzelraum. Ein einfaches und billiges System, das sich etwa bei Tomaten bewährt.

)irekt in den gemulchten Wurzel-
'aum gießen.

Wassersparende Tropfbewässerung an Gurke

BODEN-
PRAXIS
KONKRET

MUTTERBODEN – GRUNDLAGE FÜR NEUE GÄRTEN

Alle Bauherren und Bauherrinnen müssen sich mit dem Boden auf ihrem Grundstück beschäftigen und sich überlegen, was sie mit dem Bauaushub tun. Die Tiefbauer wissen, wie man damit umgeht. Vor dem Ausheben der Baugrube schieben sie die oberste dunklere Erdschicht weg und lagern sie an einer anderen Stelle des Baugrundstücks. Dieser Mutterboden wird später nach der Geländemodellierung wieder auf den Untergrund aufgebracht. Auf diesem lockeren und fruchtbaren Mutterboden haben alle Pflanzen gute Startbedingungen.

Der Unterboden wird separat gelagert. Je nachdem, wie viel Aushub anfällt und wie viel Platz zum Zwischenlagern vorhanden ist, muss eventuell Aushub abgefahren werden. Diese «Entsorgung» auf Erddeponien kostet ziemlich viel Geld, die bei den Baukosten mit zu Buche schlagen. Beim Bauen muss man den Faktor Bauaushub deshalb immer mit bedenken.

Auf kargem, steinigem Land reicht der vorhandene Mutterboden oft nicht zum Bedecken der Gartenfläche und für den Nutzgarten aus. Dann muss man Mutterboden zukaufen. Viele Kubikmeter sind da nötig. Bauunternehmer und Baustoffhändler handeln damit und liefern ihn. Auf Grundstücken mit flachgründigem Boden und bei schlechter Bodenqualität ist es ohnehin nötig, Mutterboden aufzubringen.

Dunkler, humoser Oberboden und hellerer Unterboden

Erdaushub eines Neubaus

Temporäres Lager von fruchtbarem Mutterboden

UNKRAUTFREIER MUTTERBODEN
Beim Zukauf von Mutterboden ist etwas Vorsicht angebracht, denn er kann von sehr unterschiedlicher Qualität sein: Bauherren sollten darauf achten, dass er frei von Wurzelunkräutern ist. Allzu leicht werden mit Mutterboden von einem verunkrauteten Acker Quecken- und Acker-Winden-Rhizome in den Garten geschleppt. Es empfiehlt sich also, Muttererde genau zu untersuchen und Rhizomstücke oder sprießende Pflanzenteile sofort und vollständig zu entfernen. Wenn sich Quecke und Acker-Winde – ein Wurzelungras und ein Wurzelunkraut – erst einmal etabliert haben, sind sie nur schwer wieder loszuwerden.

AUS WIESE WIRD GARTENLAND

Bei der Neuanlage von Gärten oder bei Umgestaltungen ist es häufig nötig, eine Wiese oder eine Rasenfläche in Gartenfläche umzuwandeln. Dazu muss zunächst die Wiesen- oder Rasenfläche umgegraben (umgebrochen) werden, sodass die grünen Pflanzenteile nach unten kommen. Es ist allerdings etwas mühsam, diese Arbeit mit dem Spaten zu erledigen, vor allem bei größeren Flächen. Mit einer Gartenfräse oder einem Minipflug geht es viel schneller und einfacher. Solche motorbetriebenen Geräte kann man ausleihen. Da man sie nicht so oft braucht, lohnt es sich nicht, sie zu kaufen.

Nach der Bearbeitung müssen die Pflanzenteile erst noch eine gewisse Zeit verrotten, bevor mit dem Säen oder Pflanzen begonnen werden kann. Das dauert ein paar Monate bis zu einem halben Jahr. Im Sommer verrotten die Pflanzenreste schneller als im Winter. Danach ist weitere Bodenvorbereitung mit einer Gründüngung *(siehe Seite 124–135)* sinnvoll.

Boden durch Kartoffelanbau vorbereiten

Für Ungeduldige sei noch eine andere Variante empfohlen: die Bodenvorbereitung mittels Kartoffelanbau. Auf Neubaugrundstücken war es in früheren Zeiten gang und gäbe, dass auf der Gartenfläche zunächst einmal Kartoffeln angebaut wurden. Die Kartoffelkultur bereitet den Boden hervorragend für spätere Einsaaten und Pflanzungen vor, sowohl für den Gemüsegarten als auch für Ziergarten und Rasen. Weshalb das so ist? Kartoffelbestände werden mehrfach durchgehackt. Dadurch wird der Boden mechanisch gelockert und gleichzeitig das Unkraut reduziert.

Wiesenumbruch durch Lichtentzug

Es gibt noch eine andere, Kräfte sparende Möglichkeit, eine Wiese in Gartenland umzuwandeln. Diese ist allerdings nur für kleine Flächen praktikabel. Dazu bedeckt man die Fläche mit lichtundurchlässigem Material. Das kann starke Pappe sein, die man an den Seiten durchgehend beschwert, sodass kein Licht auf die abgedeckte Vegetation fällt. Auch lichtundurchlässiges Mulchvlies oder Bändchengewebe aus dem Baumarkt erfüllt den Zweck, ebenso flach aufliegende Steinplatten.

Gräser und Kräuter können unter der Bedeckung nicht mehr weiterwachsen, da das Licht fehlt. Sie sterben ab, die oberirdischen und unterirdischen Pflanzenteile verrotten allmählich. Nach mehreren Monaten kommt ein wunderbar krümeliger, feuchter und gut zu bearbeitender Boden zum Vorschein. Die wenigen Pflanzenreste, die dann noch da sind, entfernt man mit Rechen oder Krail. Auf diese Weise entsteht ein nahezu optimales Saatbett, in das man gleich säen oder pflanzen kann.

Unter dem lichtundurchlässigen Gewebe stirbt die Grasnarbe ab.

Kartoffelanbau bereitet den Boden für weitere Kulturen vor.

GEMULCHTE FLÄCHE STATT WIESE

Bei meinen Fahrten übers Land beobachte ich, dass Grundstücksbesitzer die oben beschriebene Methode in ganz anderem Sinne anwenden: Sie wollen sich nicht mehr ständig um ein Stück Gartenland oder um die Wiese kümmern, sie nicht mehr ständig bearbeiten und mähen müssen. Da ist es tatsächlich eine probate Methode, sie aus der Nutzung zu nehmen, indem die ganze Fläche wie oben beschrieben abgedeckt wird. Dann stirbt die Vegetation darunter ab und kann auch nicht nachwachsen. Auf diese Weise hat man tatsächlich auf längere Zeit kaum Arbeit mit einer Fläche – bis Unkrautsamen zufliegen und an der Oberfläche keimen. Für Pflanzenfreunde mag eine solche Vorgehensweise befremdlich erscheinen. Doch immerhin versickert das Wasser hier auf natürlichem Wege, weshalb das Vorgehen aus ökologischer Sicht besser ist, als die Fläche um der Arbeitsersparnis willen zu versiegeln.

Unkrautvlies und Rindenmulch – perfekte Vorbereitung für die Neubepflanzung

WAS TUN BEI VERWILDERTEM LAND?

Wenn Gärten einige Zeit nicht bewirtschaftet werden, verwildern sie schnell. Unkräuter kommen auf, Gehölze siedeln sich an. Nach ein paar Jahren haben Giersch und Brennnesseln, Disteln und Goldruten, Brombeeren und Waldreben, Eschen und Birken die Regie übernommen und womöglich alles überwachsen. Solches Land wieder urbar zu machen, ist eine kleine Herausforderung. Noch relativ junger Gehölzaufwuchs lässt sich mit dem Freischneider abschlagen. Dickere Stämme muss man absägen. Das Abgesägte oder Abgeschnittene wird entweder mit einem Häcksler geschreddert und im Garten deponiert (es eignet sich unter Umständen zum Bedecken von Wegen) oder es wird auf einem Anhänger aus dem Garten entfernt und auf Häckselplätze oder Sammelstellen für organische Gartenabfälle gebracht.

Mit dem Absägen ist es allerdings noch lange nicht getan. Aus den hölzernen Stummeln, aus der Basis und dem Wurzelstock treiben die Gehölze und Stauden wieder nach. Daher wiederholt man die Prozedur des Absägens und Abmähens mehrere Male. Einige Pflanzen verschwinden dann nach und nach, andere sind aber, etwas zurückgedrängt und in Wartestellung, immer noch da. Unter Umständen muss man hartnäckig austreibende Stummel und Wurzelstöcke ausgraben.

Wenn das Land einigermaßen freigeräumt ist, kann man weiter verfahren wie beim Wiesenumbruch *(siehe Seite 168–169)*. Mit dem Anlegen von Beeten und dem Einpflanzen von Gehölzen sollte man aber nicht zu früh beginnen. Geduld ist gefragt. Besser ein Jahr bis zum Anlegen warten und dann noch einmal alles gründlich durcharbeiten.

Gartenland, das nicht bearbeitet wird, wird schnell von Unkraut überwuchert

Bei Gewächshauskulturen kommt es besonders auf eine gleichmäßige Wasserversorgung an.

IM GEWÄCHSHAUS WASSER SPAREN

Im Gewächshaus ist alles anders. Hier ist der Boden nicht direkt den atmosphärischen Einflüssen ausgesetzt. Es gibt keinen aufprasselnden Regen, keinen austrocknenden Wind, keine direkte Sonneneinstrahlung. Durch beständiges Zuführen von Kompost und Pflanzerden ist Gewächshauserde meistens humusreicher als normale Gartenerde. Das zeigt sich an der dunkleren Farbe.

Da keine Feuchtigkeit von außen kommt, verlangt die Wasserversorgung große Aufmerksamkeit. Es muss immer so viel Wasser gegeben werden, dass es tief in den Untergrund eindringt und die Wurzeln Zugang zum Nass bekommen. In kleinen Häusern gelingt dies leicht mit der Gießkanne, indem man den Wasserstrahl direkt in den Wurzelbereich lenkt. In größeren Häusern und im Erwerbsanbau sind Bewässerungsanlagen üblich, die von Sensoren gesteuert werden und über feine Schläuche oder Tropfer Wasser direkt dem Wurzelbereich zuleiten. Solche Anlagen ermöglichen es, viel Wasser zu sparen. Zusätzlich ist es sinnvoll, Mulchvlies auf die Gewächshausbeete aufzulegen und so dafür zu sorgen, dass die Feuchtigkeit im Boden bleibt.

Tomaten im Gewächshaus

BODENMÜDIGKEIT IM GEWÄCHSHAUS

Wer Gemüse im Gewächshaus anbaut, ist häufig mit dem Phänomen der Bodenmüdigkeit konfrontiert. Die Bodenmüdigkeit kann mehrere Ursachen haben: Vor allem sind dies einseitige Nährstoffauslaugung, wuchshemmende Wurzelausscheidungen sowie Anreicherung von schädlichen Organismen im Gewächshausboden und an Pflanzenresten. Dem muss man durch sorgfältige Bodenpflege vorbeugen und entgegenwirken.

Die Tomate als wichtigste Gewächshauskultur verlangt besondere Aufmerksamkeit. Sie ist als eine der wenigen Gemüsearten mit sich selbst verträglich und kann mehrere Jahre hintereinander an derselben Stelle kultiviert werden. Dies lässt sich jedoch nicht unendlich lange fortführen. Irgendwann zeigen sich auch bei ihr Fruchtfolgeschäden durch schädliche Nematoden *(siehe Seite 58)* und durch andere bodenbürtige Schädlinge und Krankheiten. Im Prinzip müsste man dann auch im Gewächshaus eine längere Anbaupause einlegen; in der Praxis ist dies jedoch kaum möglich, da eben meist nur eine begrenzte Kleingewächshausfläche zur Verfügung steht. Da muss man dann nach anderen Lösungen suchen.

Die einfachste Lösung ist, veredelte Tomatenpflanzen anzubauen. Bei diesen ist die eigentliche Tomatensorte auf eine robuste Wildtomate, der die Nematoden und andere Bodenorganismen kaum etwas anhaben können, aufgepfropft. Solche veredelten Tomatenpflanzen wachsen deutlich größer und üppiger als nicht veredelte. Weitere, etwas aufwendigere Möglichkeiten sind, die Erde zu dämpfen (und damit die Schadorganismen abzutöten) oder ganz auszutauschen. Profianbauer bauen Gemüse oft ganz erdelos an und umgehen so das Problem der Bodenmüdigkeit.

TAGETES ALS FEINDPFLANZE BEI BODENMÜDIGKEIT

Bodenmüdigkeit und Fruchtfolgekrankheiten gibt es nicht nur im Gewächshaus, sondern auch im Freiland an Gemüse, Kräutern, Rosen und Obstgehölzen. Bei kurzlebigen Pflanzen lassen sich Schäden durch Einhalten der Fruchtfolge (Anbau einer Kulturpflanze am gleichen Platz frühestens nach drei Jahren) und durch gute Bodenpflege vermeiden. Dazu gehört auch, Gründüngung zur Auflockerung der Fruchtfolge auszusäen. Insbesondere die fruchtfolgeneutrale Gründüngungspflanze Phazelie bewährt sich hier.

Für kleinere Flächen seien auch Gründüngungssaaten mit Studentenblume empfohlen. Studentenblumen *(Tagetes)* gelten als Feindpflanzen für Wurzelnematoden, speziell *Pratylenchus*-Arten (Wurzelälchen), die viele Gemüsearten befallen. Im günstigen Fall lässt sich der Befall durch den Anbau von Tagetes um 90 Prozent verringern. Die Wirkung beruht auf dem stark nematiziden Stoff Terthiophen in der Wurzelhaut. Nematoden, die in die Wurzeln eindringen oder sie anstechen, werden dadurch abgetötet.

Bewährt hat sich eine Mischung von *Tagetes patula* und *Tagetes erecta*. Die niedrige *Tagetes patula* wirkt stärker gegen Nematoden als die höhere *Tagetes erecta*. Die höhere ist jedoch wüchsiger. Sie bedeckt den Boden rascher und ist damit als Gründüngungspflanze wertvoller. Studentenblumen werden etwa Mitte Mai direkt aufs Beet gesät – nicht früher, da die Pflanzen keinen Frost vertragen.

Studentenblume wirkt gegen Nematoden.

SPART PLATZ: DAS HÜGELBEET

Hügelbeete erfreuen sich bei Freizeitgärtnern großer Beliebtheit. Diese Beetform ermöglicht es, Gemüse und Kräuter auf kleinem Raum anzubauen und hohe Erträge zu erzielen. Ein zusätzlicher Aspekt ist, dass beim Aufsetzen Strauchschnitt, Laub und andere organische Abfälle im Garten direkt verwertet werden können.

Schaubild:
Das Hügelbeet.

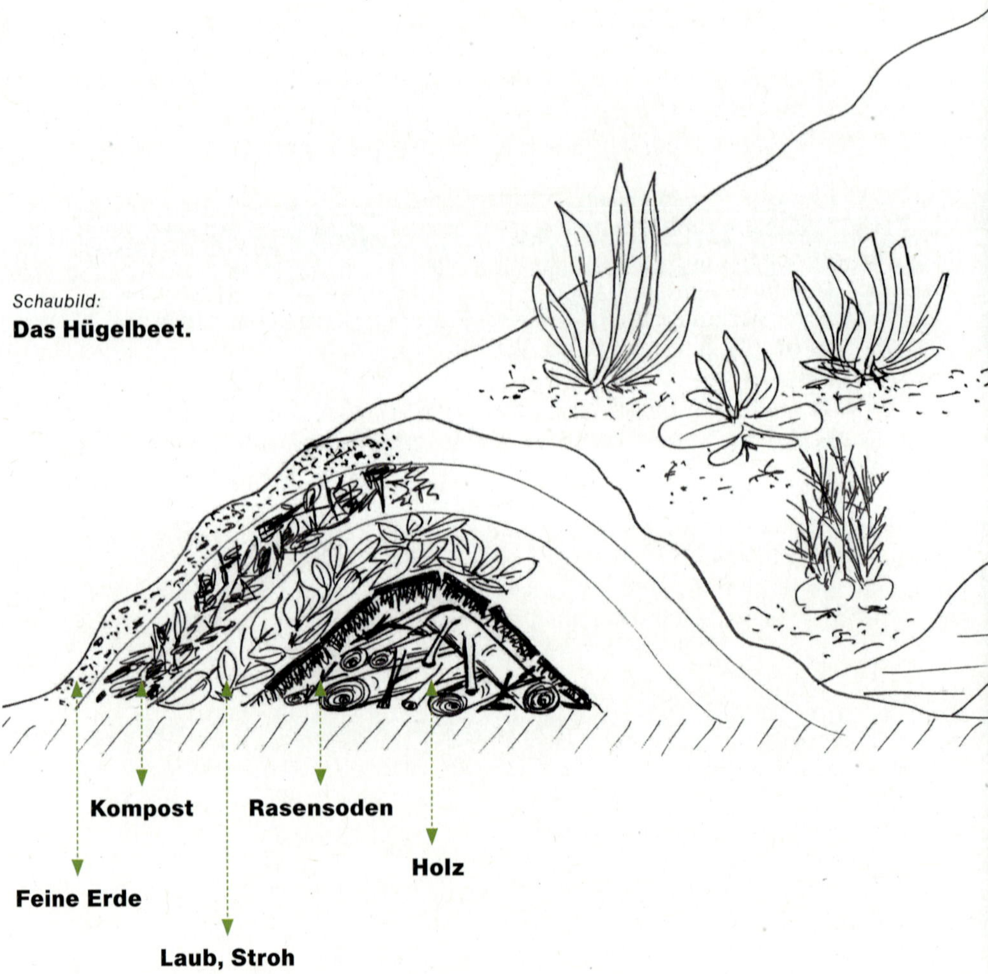

Erde fürs Hügelbeet

Ein Hügelbeet setzt sich aus «gewachsener» Erde, Kompost und viel organischem Material zusammen, das von anderer Stelle im Garten oder von außerhalb hergebracht wird. Hier die gängige, rezeptartige Anleitung zum Aufbauen eines Hügelbeets: Zunächst wird eine 15 bis 20 Zentimeter tiefe Grube von etwa 180 Zentimeter Breite und 3 bis 4 Meter Länge ausgehoben. Als Wühlmausschutz wird sie mit einem engmaschigen, rostfreien Drahtgeflecht ausgelegt. In der Mitte der Grube breitet man holziges Material aus und überstreut es mit Grobkompost, dem etwas Hornmehl und Algenkalk beigefügt ist. Diese Aufhäufung wird mit einer dünnen Lage Muttererde ummantelt. Darüber folgen Schichten von Grassoden und/oder Laub, dann wieder Muttererde und Grobkompost. Die oberste Schicht bildet reifer Kompost, vermischt mit Muttererde. Die einzelnen Lagen sind etwa 10 bis 20 Zentimeter dick, sodass der Hügel 80 bis 100 Zentimeter hoch wird. Oben ist der Hügel flach, eventuell legt man außen herum eine Vertiefung zum Wässern (Gießmulde) an.

Der Hügel wird, der Höhenlinie folgend, mit Gemüse und Kräutern in Mischkultur eingesät beziehungsweise bepflanzt. Hochwüchsige Kulturen wie Tomaten stehen am besten oben auf dem Hügel. Auch beim Bepflanzen eines Hügelbeetes gilt der Grundsatz, den Gewächsen möglichst viel Raum zu lassen, damit sie sich gut entwickeln können. Das ist vor allem für Kohlgemüse wichtig: Es braucht viel Platz und hat zudem einen hohen Wasserbedarf, daher findet es an der Basis des Hügels seinen idealen Standort.

Diese Vorgaben zum Aufbau des Hügels sind variabel. Letztlich richtet sich die «Füllung» des Hügels danach, welche und wie viele Materialien im Garten vorhanden sind. Auch Staudenschnitt, Rasen- oder Wiesenschnitt können mit eingearbeitet werden. Alle Materialien sollten beim Aufbau bereitstehen, sodass der Hügel in einem Zug aufgeschichtet werden kann. Da Kompost und anderes organisches Material ebenso wie Muttererde vor allem in einem jungen Garten knapp sind, fällt das Hügelbeet in der Praxis oft weitaus kleiner als in der oben beschriebenen Idealversion aus.

Was auf dem Hügel geschieht

Der Clou beim Hügelbeet ist, dass sich beim Abbau des organischen Materials Wärme entwickelt – ein Bodenheizungs- oder Frühbeeteffekt, der Gemüseanbau auch in ungünstigen Lagen möglich macht. Wärmeliebende Kulturen wie Gurken, Tomaten und Paprika profitieren besonders davon. Durch die Wärme werden gleichzeitig Nährstoffe freigesetzt, die das Pflanzenwachstum fördern. Die Verrottungswärme mit einer Temperaturerhöhung von etwa 5 bis 8 Grad Celsius entsteht hauptsächlich im ersten Jahr nach dem Aufsetzen. Im zweiten Jahr ist der Effekt schwächer. In späteren Jahren gibt es keinen Temperaturunterschied zu einem flachen Beet mehr.

Vorsicht bei Trockenheit

Diesen Vorteilen steht der entscheidende Nachteil eines Hügelbeetes gegenüber: Es trocknet leicht aus. Die Erdschicht, in der die Kulturpflanzen wurzeln, hat zunächst keine Verbindung zum Untergrund. Das heißt, dass es keine durchgehenden Kapillaren wie in einem «gewachsenen» Boden gibt, durch die Wasser aus dem Untergrund nach oben steigen kann. Eine Wassernachlieferung aus dem Untergrund wie bei einem normalen flachen Beet ist somit nicht möglich. Daher sind die Kulturen auf Niederschläge und Gießwasser angewiesen. Bei Hitze und Trockenheit muss man also immer mit der Gießkanne bereitstehen. Mulchen kann etwas nützen, weil es die Verdunstung des Wassers mindert, es ersetzt jedoch das Gießen nicht. Bei größeren Hoch- und Hügelbeeten ist eine automatische Bewässerungsanlage sinnvoll. Erst bei schon länger angelegten Hügelbeeten verbinden sich die Schichten durch die Tätigkeit der Bodenorganismen und durch die Durchwurzelung der Pflanzen.

Hügelbeet zum Experimentieren

Trotz dieses Nachteils eines Hügelbeetes aus pflanzenbaulicher Sicht kann es Spaß bereiten, diese Beetform auszuprobieren und einfach zu schauen, wie sich das alles entwickelt. Hügelbeete sind etwas für «normale» Gärten mit gewachsener Erde. Sie sollten wie die üblichen Flachbeete an einem sonnigen Platz weit ab von Schatten werfenden Bäumen, Sträuchern und Gebäuden angelegt werden, sodass die Kulturpflanzen viel Licht bekommen.

HOCHBEETE FÜR STÄDTISCHE GÄRTEN

Kaum mehr ein Garten, in dem kein Hochbeet steht. Besonders für sehr kleine Gärten und Gartenhöfe in einem städtischen Umfeld bietet sich das Aufsetzen von Hochbeeten an. Hochbeete haben den Vorteil, dass sie sich auch auf befestigten oder versiegelten Flächen, die normalerweise gärtnerisch nicht nutzbar sind, anlegen lassen. In einem normalen Garten braucht man sie eigentlich nicht, es sei denn, dass man sich das Bücken ersparen möchte.

Einfassungen – die besten Materialien

Bis vor Kurzem war der Selbstbau die einzige Möglichkeit, an ein Hochbeet zu kommen – mit etwas Fantasie und handwerklichem Geschick ist dies eine leicht zu bewältigende Aufgabe. Doch seitdem immer mehr Menschen auch im städtischen Umfeld wieder Gemüse anbauen, sind die Nachfrage und damit auch das Angebot an Hochbeeteinfassungen im Handel groß. Industrie und Handel haben sich auf den Bedarf der Freizeitgärtner eingestellt. Sie bieten eine Vielzahl von Hochbeeteinfassungen in Modulbauweise an, die einfach zusammengesetzt und aufeinandergestapelt werden. Holz, insbesondere verrottungsfestes Robinienholz (= Akazienholz), und Kunststoff sind die bevorzugten Materialien zum Bau von Hochbeeten.

Handelsübliche Hochbeetmodelle sind meist zwischen 80 und 100 Zentimeter breit, sodass die Beetfläche bis zur Mitte leicht zu bearbeiten ist. Länge und Höhe sind variabel. Für rückenschonendes Arbeiten sollte ein Hochbeet mindestens etwa Hüfthöhe haben, also zirka 80 bis 90 Zentimeter. Niedrige «Hochbeete» bieten ergonomisch kaum Vorteile. Diese im Handel als «Hochbeet» angebotenen Modelle sind lediglich Einfassungen für leicht erhöhte Beete, die mit deutlich weniger Aufwand als unten beschrieben befüllt werden.

Mein Tipp

Alte Obstkisten ohne Boden, ausgekleidet mit Vlies oder Folie zum Schutz vor dem Austrocknen, tun es für einzelne Pflanzen oder zum Ausprobieren oft auch. Minihochbeete, die nichts kosten!

Das Hochbeet füllen

Wie ein Hügelbeet «schluckt» auch ein Hochbeet sehr viel Füllmaterial, das erst einmal organisiert und herangeschafft werden muss. Eine Füllung nur mit Pflanzsubstrat aus dem Handel ist nicht zu empfehlen. Besser und nachhaltiger ist es, das Beet mit dem im Garten anfallenden organischen Material, mit Kompost und Muttererde aus dem Garten zu füllen.

Das Einschichten geschieht in etwa so wie beim Hügelbeet mit grobem Material unten und feiner Erde oben: grober Strauch- und Baumschnitt als Basis, darüber Laub und Staudenschnitt, auch gehäckseltes Material und – gut vermischt – Rasenschnitt, darüber grob verrotteter Kompost und schließlich feiner Kompost vermischt mit Gartenerde. Die organischen Materialien verrotten wie auf dem Kompost nach und nach und setzen dabei anfangs Wärme frei, wovon Gurken, Paprika und Tomaten profitieren. Salatgemüse und Radies wachsen so ebenfalls schnell heran.

Übrigens: Ein Hochbeet kommt selten allein. Wer es geschickt anstellt, kann auf mehreren Hochbeeten die ganze Palette von Gemüse und Kräutern kultivieren und auch Kartoffeln und Erdbeeren in die Fruchtfolge integrieren.

Beim Verrotten setzt sich der Inhalt des Hochbeets. Dann ist es nötig, frischen Kompost oder Substrat nachzufüllen oder ganz neu aufzusetzen. Wer mehrere Hochbeete hat, nutzt am besten eine Hochbeeteinfassung als Kompostbehälter und füllt diese mit den laufend im Garten anfallenden Materialien. Auf diese Weise löst sich das in vielen Gärten anstehende Problem der Entsorgung von Strauchschnitt und Laub (fast) von alleine.

PFLANZGEFÄSSE: AUF TORF MÖGLICHST VERZICHTEN

Wer keinen eigenen Garten hat, muss Pflanzerde kaufen, um Hochbeete, Töpfe und Kästen zu füllen. Diese Erde muss hohen Ansprüchen genügen: Sie muss locker und gut belüftet sein und sie muss Wasser und Nährstoffe gut halten – am besten so, dass die Kulturpflanzen das richtige Maß aufnehmen und zügig wachsen können.

Problem Wasserversorgung

Gemüse und andere Gewächse, die in Pflanzgefäßen kultiviert werden, brauchen besonders viel Aufmerksamkeit. Sie sind vor allem auf gleichmäßige Wasserversorgung und gleichmäßig fließende Nährstoffe angewiesen, denn anders als Freilandpflanzen können bei Topfpflanzen die Wurzeln nicht in die Tiefe vordringen und sich dort mit Wasser und Nährstoffen versorgen. Diese Ansprüche immer zu erfüllen, ist gar nicht so einfach. Mangel macht die Pflanzen aber anfällig für Wachstumsstörungen und für Krankheits- und Schädlingsbefall. Umso wichtiger ist ein gutes Pflanzsubstrat, das Ungleichmäßigkeiten etwas abpuffert.

An geeigneten Pflanz- oder Blumenerden herrscht im Handel kein Mangel. Die meisten haben aber den Nachteil, dass sie Torf enthalten. Da kommen ökologisch orientierte Topfgärtner in Konflikt mit dem Naturschutzgewissen. Wenn immer möglich, sollte man deshalb Pflanzerden ohne Torf kaufen.

In diesen Erden ist Torf durch organische Abfallstoffe wie Grüngutkompost, Rindenhumus und Holzfasern ersetzt. Kokosfasern, Chinaschilf, Reisspelzen und Hanf werden ebenfalls beigemischt. Diese Torfersatzstoffe speichern Wasser annähernd so gut wie Torf und sie sind ebenfalls leicht. Wie gut empfindliche Topfpflanzen mit den Torfersatzprodukten zurechtkommen, muss man testen.

Diese Pflanzerde besteht zu 100 Prozent aus Torfersatzstoffen.

Kultursubstrate im Vergleich: etwas gröberes torffreies *(links)* und feineres mit Torfanteil *(rechts)*

Plädoyer gegen den Torfverbrauch

Erden, die Hochmoortorf enthalten, sollten aus Naturschutzgründen heute nicht mehr verwendet werden. Jeder Einzelne, der torfhaltige Erden kauft, trägt zur Zerstörung der Moore bei. Denn beim Abgraben des Torfs werden die ökologisch äußerst wertvollen Moore unwiederbringlich zerstört.

Obwohl Naturschützer schon seit vielen Jahrzehnten auf diese Tatsache hinweisen, ist Torf aber immer noch im Handel und wird in großen Mengen verkauft. Er wird sogar mehr denn je nachgefragt, denn für die vielen Topfpflanzen, die mit der neuen Lust am Gärtnern einhergehen, brauchen Gärtnereien und die Freizeitgärtner selbst sehr viel Substrat. Und ein hoher Anteil der Blumenerde oder der Pflanzerde im Handel enthält Torf. Gartenbesitzer verbrauchen Torf nicht nur direkt, sondern auch indirekt in Form von zugekauften Topfpflanzen fürs Zimmer, für den Balkon oder fürs Freiland. Denn die Profigärtner nehmen zum Topfen ihrer Pflanzen ebenfalls größtenteils torfhaltige Substrate.

Von den 10 Millionen Kubikmetern Torf, die in Deutschlands Hochmooren jährlich abgebaut werden, verbrauchen Freizeitgärtner mindestens ein Viertel zur vermeintlichen Bodenverbesserung in ihrem Garten und zum Füllen ihrer Pflanzgefäße und Hochbeete. Mit den Importen liegt der Verbrauch insgesamt noch höher.

EU-weit werden jährlich über 60 Millionen Kubikmeter Torf abgebaut, wodurch 1.200 Quadratkilometer Moorfläche zerstört werden. In der Schweiz ist der Torfabbau seit 1987 verboten. Es gibt ein «Torfausstiegskonzept», das zum Ziel hat, auch die Torfimporte in die Schweiz stark zu beschränken.

ANHANG

GLOSSAR

Boden: Zusammenspiel aus unbelebter (Biotop) und belebter (Biozönose) Welt, oberste Schicht der Erdkruste.

Bodenart: Zusammensetzung des Bodenkörpers aus mineralischen Partikeln in bestimmten Korngrößen. Je nach Zusammensetzung aus den Partikeln Gesteinsbrocken, Kies und Grus, Sand, Schluff und Ton ergibt sich die Bodenart *(siehe Seite 28–33)*.

Bodenfruchtbarkeit: Das dauerhafte Vermögen des Bodens, quantitativ und qualitativ optimale Ernten hervorzubringen. Bodenfruchtbarkeit beruht auf natürlichen und/oder durch Kulturmaßnahmen erzielten Eigenschaften wie Bodenstruktur, Wasserdurchlässigkeit, Intensität des Bodenlebens, Gehalt und Verfügbarkeit von Nährstoffen, Verhältnis von Kohlenstoff zu Stickstoff.

Bodengare: Entspricht ungefähr der Bodenfruchtbarkeit. Diesen Begriff gibt es nur in der deutschen Sprache. Er ist wahrscheinlich übertragen von einem «garen» Brotteig, der porenreich und elastisch ist. Der Begriff Gare wird auch in Wortverbindungen gebraucht wie Bearbeitungsgare, Frostgare oder Schattengare. Eine solche Gare ist aber nur bedingt erzielbar, da sie abhängig ist vom Bodenleben, vom Humus und von der Bodenstruktur.

Bodenkrümel: Bodenteilchen von 0,3 bis 3 Millimeter Durchmesser. Sie bestehen aus feinsten mineralischen und organischen Teilchen, die durch Bakterienschleim und Pilzfäden verbunden und dadurch quellfähig und witterungsbeständig werden.

Bodenleben: Gesamtheit der im Boden lebenden Pflanzen- und Tierwelt. In Ackerböden etwa 1 Prozent der organischen Substanz, in Gartenböden bis etwa 20 Prozent, im Grünland ein Wert dazwischen. Dem Gewicht nach leben in einem Ackerboden zweimal so viele Kleintiere, wie Großtiere auf ihm weiden (entspricht zwei Rindern, also etwa 1000 Kilogramm). Dazu kommt noch die Bodenflora mit einem Gewicht, das dem mittleren Grünertrag einer Weide entspricht (etwa 300 Doppelzentner pro Hektar).

Bodenmüdigkeit: Zustand eines Bodens, in welchem eine Pflanzenart nach wiederholtem Anbau auf derselben Fläche, besonders in Baumschulen und Sonderkulturen, nicht mehr gedeiht. Hierfür können mehrere Ursachen maßgebend sein, beispielsweise Entstehung von Hemmstoffen bei Zersetzung von Wurzelresten, Veränderung der Bodenbiozönose, Anreicherung von bodenbürtigen tierischen Schädlingen (z. B. Nematoden) oder von Krankheitserregern (Bakterien, Pilze).

Bodentyp: Klassifizierung des Bodens nach der Schichtabfolge von «Horizonten» im Bodenprofil, zum Beispiel Parabraunerde, Pararendzina, Podsol.

Fäulnis: Sie tritt dort auf, wo es an Luftsauerstoff mangelt. Faulende (Kompost-)Haufen entwickeln übel riechende Gase und stinken, wenn man sie aufmacht.

Mutterboden: Dies ist die oberste fruchtbare Erdschicht, angereichert mit Humus. In ihm sind reichlich Pflanzennährstoffe gespeichert, daher bietet er Kulturpflanzen beste Wachstumsbedingungen.

Mykorrhiza: Etliche Pflanzen leben in Symbiose mit Pilzen, also in einer Lebensgemeinschaft, von der beide Partner profitieren: Die Pflanzen erhalten Wasser und Nährstoffe von den Pilzen, diese wiederum nutzen die Kohlenstoffverbindungen der Pflanze. Den Bereich, in dem die feinen Pflanzenwurzeln und das Pilzgeflecht ineinander verwoben sind, nennt man Mykorrhiza.

Rotte: Zersetzungsprozess, bei dem organische Substanz unter Mithilfe sauerstoffliebender Mikroorganismen (Bakterien, Schimmel- und Strahlenpilze, Hefen) abgebaut wird. Verrottete Substanzen riechen wie Walderde.

Substrat: In Gartenbau und Landwirtschaft versteht man darunter die Erde oder das Erdgemisch, auch erdelose Substrate und Nährlösungen, in denen Pflanzen wurzeln. Das Substrat kann «gewachsener» Boden sein oder eine Mischung aus Komponenten (Zuschlagstoffen) wie Sand, Tonmehl, Steinmehl (Urgesteinsmehl), Granulat, Kompost, Torf, Rindenhumus und anderen Torfersatzprodukten. Das Substrat dient den Pflanzen der mechanischen Verankerung, es versorgt sie – im Optimalfall gleichmäßig – mit Wasser und Nährstoffen und es dient zudem als Puffer. Ein optimales Substrat bietet auch eine gute Dränage, indem Wasser gut, aber nicht zu schnell abfließt. Im engeren Sinne kann man unter Substrat auch ein Kultursubstrat verstehen, z. B. Torfkultursubstrat zur Jungpflanzenanzucht oder zum Topfen von Zimmerpflanzen.

LITERATUR

Hans-Peter Blume, Gerhard W. Brümmer, Rainer Horn, Ellen Kandeler, Ingrid Kögel-Knabner et al.: **Scheffer / Schachtschabel – Lehrbuch der Bodenkunde,** 16. Auflage. Springer Spektrum, Heidelberg 2016

Bodenatlas. Daten und Fakten über Acker, Land und Erde, 3. Auflage 2015. Kooperationsprojekt von Heinrich-Böll-Stiftung, Institute for Advanced Sustainability Studies, Bund für Umwelt- und Naturschutz Deutschland und Le Monde diplomatique. Download-Adresse: www.boell.de/bodenatlas

Brunhilde Bross-Burkhardt: **Lob des Unkrauts.** Haupt Verlag, Bern 2015

Walter Buch: **Gartenböden verstehen, pflegen, erhalten.** Verlag Eugen Ulmer, Stuttgart 1989

Arnold Finck: **Pflanzenernährung in Stichworten.** Verlag Ferdinand Hirt, Kiel 1969

Krafft von Heynitz: **Kompost im Garten,** 4. Auflage. Verlag Eugen Ulmer, Stuttgart 1992

Krafft von Heynitz, Georg Merckens: **Das biologische Gartenbuch.** Verlag Eugen Ulmer, Stuttgart 1994

Lore Kutschera, Erwin Lichtenegger, Monika Sobotik: **Wurzelatlas der Kulturpflanzen gemäßigter Gebiete mit Arten des Feldgemüsebaues,** 7. Band der Wurzelatlasreihe. DLG-Verlag, Frankfurt 2009

Joachim Mayer: **Das große Ulmer Gartenlexikon.** Verlag Eugen Ulmer, Stuttgart 2012

Ministerium für Umwelt, Klima und Energiewirtschaft Baden-Württemberg (Hrsg.): **Boden, Böden, Bodenschutz.** März 2015

Othmar Nestroy: **Den Boden verstehen: Aufbau, Typen, Fruchtbarkeit.** Stocker Verlag, Graz 2015

Rolf Röber, Henning Schacht: **Pflanzenernährung im Gartenbau,** 4. Auflage. Verlag Eugen Ulmer, Stuttgart 2008

Georg E. Siebeneicher (Hrsg.): **Neues großes Gartenlexikon,** 3. Auflage. Südwest Verlag, München 1980

Günter Trolldenier: **Bodenbiologie. Die Bodenorganismen im Haushalt der Natur.** Franckh'sche Verlagshandlung, Stuttgart 1971

Helmut Voitl, Elisabeth Guggenberger, Josef Willi: **Das große Buch vom biologischen Land- und Gartenbau.** Verlag ORAC, Wien 1980

ADRESSEN

ALLGEMEINE INFORMATIONEN ÜBER BÖDEN

Boden – Grund zum Leben
www.grund-zum-leben.de
Webseite des Boden-Netzwerks, in dem viele Institutionen und Vereine zusammenarbeiten.

Bundesverband Boden e. V.
Unter den Gärten 2
D-49152 Bad Essen
Tel. +49 (0) 5472 / 966239
E-Mail: bvboden@bvboden.de
www.bodenwelten.de
www.bvboden.de

Deutsche Bodenkundliche Gesellschaft (DBG)
Am Bärenberg 70
D-37077 Göttingen
Tel. +49 (0) 551 / 50080235
E-Mail: dbg@dbges.de
www.dbges.de
u.a. Aktion Boden des Jahres, www.boden-des-jahres.de, Boden-Quartett (zu beziehen über www.ima-shop.de)

Bodenkundliche Gesellschaft der Schweiz (BGS)
c/o Zürcher Hochschule für angewandte Wissenschaften IUNR, Fachstelle Bodenökologie
Postfach
CH-8820 Wädenswil
Tel. +41 (0) 58 934 53 55
E-Mail: bgs.gs@soil.ch
www.soil.ch
Hier auch Auflistung von Ausstellungen und weiteren Informationsmöglichkeiten über Böden, z. B. www.bodenpfad.ch in Zug

Österreichische Bodenkundliche Gesellschaft (ÖBG)
Peter-Jordan-Straße 82
A-1190 Wien
Tel. +43 (0) 50555 / 34125
E-Mail: andreas.baumgarten@ages.at
www.oebg.boku.ac.at

www.ahabc.de – Das Magazin für Boden und Garten
(Internetmagazin)

BODENANALYSEN

Analysesets für Bodentests zum Einschicken an Bodenlabore gibt es von verschiedenen Anbietern in Gartenfachmärkten und in Raiffeisenmärkten.

Reblu GmbH
Raiffeisenstr. 32
D-70794 Filderstadt
Tel. +49 (0) 711 / 70708594
E-Mail: info@reblu.de
www.bodenanalyse-zentrum.de

BODENBEARBEITUNGSGERÄTE

Bioland Hof Jeebel
Biogartenversand
Jeebel 17
D-29410 Salzwedel OT Jeebel
Tel. +49 (0) 39037 / 781
E-Mail: info@biogartenversand.de
www.biogartenversand.de

Manufactum
Hiberniastr. 5
D-45731 Waltrop
Tel. +49 (0) 2309 / 939050
E-Mail: info@manufactum.de
www.manufactum.de

K.U.L.T. – Kress Umweltschonende Landtechnik GmbH
Eberdinger Straße 37
D-71665 Vaihingen / Enz
Tel.: +49 (0) 7042 / 37 665-0
E-Mail: info@kress-landtechnik.de
www.kress-landtechnik.de

Keller GmbH & Co. KG
Konradstraße 17
D-79100 Freiburg
Tel. +49 (0) 761 / 70 63 13
E-Mail: info@biokeller.de
www.biokeller.de
(Radhacke, Pendelhacke, Doppelgrabegabel)

Gartenbedarf-Versand Richard Ward
Ottobeurer Str. 46A
D-87733 Markt Rettenbach
Tel. +49 (0) 8392 / 16 46
E-Mail: infos@gartenbedarf-versand.de
www.gartenbedarf-versand.de

AUSSTELLUNGEN UND MUSEEN

Senckenberg Museum für Naturkunde Görlitz
Am Museum 1
D-02826 Görlitz
Tel. +49 (0) 3581 / 47 60-52 20
E-Mail: post-gr@senckenberg.de
www.senckenberg.de / goerlitz
Forschungsschwerpunkt Bodenzoologie und öffentlich zugängliche Fachbibliothek, Internationale Wanderausstellung «Die dünne Haut der Erde – unsere Böden!»

Das Erdemuseum
Weichselstraße 52
D-12045 Berlin-Neukölln
Tel. +49 (0) 30 / 62 73 74 74
E-Mail: info@erdemuseum.de
www.erdemuseum.de
Künstlerisches Projekt, Sammlung von Gläsern mit Erde aus aller Welt

Museum am Schölerberg
Klaus-Strick-Weg 10
D-49082 Osnabrück
Tel. +49 (0) 541 / 56 003-0
E-Mail: museum-am-schoelerberg@osnabrueck.de
www.museum-am-schoelerberg.de
Dauerausstellungen «unter.Welten – Das Universum unter unseren Füßen», «Unterirdischer Zoo»

Museum und Park Kalkriese
D-49565 Bramsche-Kalkriese
Tel. +49 (0) 5468 / 92 04-0
E-Mail: kontakt@kalkriese-varusschlacht.de
www.kalkriese-varusschlacht.de
Rundgang «UNDERCOVER – Boden, der Kosmos unter unseren Füßen»,
Wanderausstellung «BodenSchätze – Geschichte(n) aus dem Untergrund»

BILDNACHWEIS

ILLUSTRATIONEN

S. 24, 31, 34, 35, 39: Karin Bauer, D-Augsburg
S. 174: Christoph Bachmann, CH-Bubikon

FOTOGRAFIEN

Alle unten nicht aufgeführten Fotografien stammen von **Brunhilde Bross-Burkhardt**.

Umschlag: Pavel Chernobrivets / Fotolia
S. 12 / 13: Piero Chiussi / IASS
S. 21: Philip Degenhart
S. 54 unten: Jerzy Opiola / Wikimedia Commons / CC-BY-SA-4.0
S. 57: Wire_man / Shutterstock
S. 58 links: www.scienceimages.csiro.au / Entomology/CC-BY-SA-3.0
S. 58 rechts: D. Sikes / Flickr/ CC-BY-SA-2.0
S. 59 links: AJC1 / Flickr / CC-BY-SA-2.0
S. 59 Mitte: Tim Evison / Wikimedia Commons / CC-BY-SA-3.0
S. 59: rechts: D. Sikes / Flickr / CC-BY-SA-2.0
S. 61 links: AJC1 / Flickr / CC-BY-SA-2.0
S. 67 rechts: H. Schmidbauer / Blickwinkel
S. 71 links: tenra / Bigstock
S. 100 Mitte links: Edgar Burkhardt
S. 131 rechts: Alupus / Wikimedia Commons / CC-BY-SA-3.0
S. 132 rechts: Oyoyoy / Wikimedia Commons / CC-BY-SA-3.0
S. 155 Mitte rechts: Edgar Burkhardt
S. 155 unten rechts: Pressebereich Dehner Garten-Center / Flickr / CC-BY-SA-2.0
S. 159 rechts: Edgar Burkhardt
S. 162: O. Diez / Arco Images
S. 163: v_zaitsev / iStock

Hintergründe u. a.
Etikett S. 9, 19, 49, 77, 88, 109, 143, 165, 183: Alberto Bogo / iStock
Hintergrundbild S. 6 / 7, 105, 181: Billy Alexander / Freeimages.com
Gartenwerkzeuge S. 5, 6, 66, 95, 105, 181: Lisa Thornberg / iStock
Erde S. 7, 105, 181: theJIPEN / iStock
Erde S. 5, 53, 134: 5second / iStock
Pflänzchen S. 5, 181: theJIPEN / iStock

REGISTER